《银川市岩土体工程地质特征与问题的分析研究》编委会

主　编

单　斌　金　亮　方　磊

编　委

吴　瑞　段　佳　马小波

徐　磊　康登成　马洪云

李成柱　于峰丹　朱　涛

YINCHUANSHI YANTUTI GONGCHENG DIZHI TEZHENG
YU WENTI DE FENXI YANJIU

银川市岩土体工程地质特征与问题的分析研究

单斌　金亮　方磊 / 主编

黄河出版传媒集团

阳光出版社

图书在版编目（CIP）数据

银川市岩土体工程地质特征与问题的分析研究 / 单斌，金亮，方磊主编. -- 银川：阳光出版社，2021.1
ISBN 978-7-5525-5774-9

Ⅰ.①银… Ⅱ.①单… ②金… ③方… Ⅲ.①岩土工程－地质特征－研究－银川 Ⅳ.①TU4

中国版本图书馆CIP数据核字（2021）第033909号

银川市岩土体工程地质特征与问题的分析研究 单斌　金亮　方磊　主编

责任编辑　胡　鹏
封面设计　晨　皓
责任印制　岳建宁

黄河出版传媒集团
阳光出版社　出版发行

出 版 人　薛文斌
地　　址　宁夏银川市北京东路139号出版大厦（750001）
网　　址　http://www.ygchbs.com
网上书店　http://shop129132959.taobao.com
电子信箱　yangguangchubanshe@163.com
邮购电话　0951-5014139
经　　销　全国新华书店
印刷装订　宁夏凤鸣彩印广告有限公司
印刷委托书号　（宁）0020120

开　　本　787mm×1092mm　1/32
印　　张　3.5
字　　数　100千字
版　　次　2021年1月第1版
印　　次　2021年1月第1次印刷
书　　号　ISBN 978-7-5525-5774-9
定　　价　119.00元

前　言

　　本次研究不同于常规的场地尺度的工程岩土勘察，针对的是银川市主要城市建设区域的工程地质条件及其问题分析研究。本次研究收集了大量的前人工程地质调查研究报告和工程地质钻孔，特别是编写组一直参与的《宁夏沿黄生态经济带综合地质调查》项目就为本次研究提供了大量的控制性工程地质钻孔。在详实的前人资料收集分析的前提下，本次研究采用了 GIS 技术、数理统计、分区分类等地质研究方法，在地质地貌研究的基础上开展了银川市区域工程地质条件和主要工程地质问题的分析研究。试图通过一系列的图表阐明区域工程地质条件和问题，更新前人对银川市区域工程地质条件和主要问题的认识，为以后的银川市区域水工环地质研究提供一些基础的认识，为近年来快速发展的银川市城市建设规划提供一些服务，为宁夏黄河流域生态地保护与高质量发展先行区建设提供一些基础的资料。

　　本书在撰写的过程中受到了"宁夏水文地质环境地质勘察创

新团队"、"长安大学旱区地下水文与生态效应创新团队"和"宁夏沿黄生态经济带综合地质调查项目组"的共同指导，由宁夏高层次科技创新领军人才项目（KJT2018002）资助完成。

由于编写时间紧迫，作者水平有限，书中难免存在不妥之处，敬请广大读者批评指正。

编　制

2020年6月

目　录

第1章 绪 论

1.1 研究背景与意义

　　银川地处中国西北地区、宁夏平原中部，东踞鄂尔多斯西缘、西依贺兰山，黄河从市内穿过，是古丝绸之路商贸重镇，是宁夏的军事、政治、经济、文化、科研、交通和金融中心，沿黄城市群核心城市。近年来，银川市城市建设快速发展，建设规模快速扩张对城市区域工程地质特征与问题分析研究提出了迫切的需求。这是因为区域工程地质特征与工程地质问题是制约和影响城市建设发展的重要因素。在城市规划布局以及重大工程建设前全面地了解拟建设地区的工程地质条件，可以有效地避免不利的工程地质问题，合理利用土地资源，从而保证城市建设发展与地质环境相协调。

　　然而，目前对银川市所在的区域工程地质特征与工程地质问题缺乏系统分析研究。虽然银川市的区域工程地质研究精度达到了1∶5万，但研究成果分为6个图幅（部分），没有以银川市区所在的区域进行系统的汇总与集成，研究成果零散，不能很好地服务于银川市规划建设。此外，银川市区的砂土液化严重，是工程建设中需要十分关注和避免的问题。根据史料记载，银川区内发生地震时，砂土液化，地涌黑沙，造成房屋地基失稳倒塌，成为地震的主要次生地质灾害，严重威胁着人们的生命财产安全。如何将现有大量工程地质的数据和成果进行集成汇总，兴利除弊，服务银川市的工程建设与发展，为黄河流域生态保护与高质量发展战略先行区建设提供地质支撑，成为地质人的时代使命。为此，本书在前期大量的工程地质调查和勘察的基础上，开展了银川市区域工程地质特征与砂土液化分析研究。

1.2 研究的目标

通过对银川市内区域工程地质调查勘察成果的整理、分析和总结研究，科学合理划定银川市区域工程地质分区，并建立各分区的工程地质综合柱状图，对各分区内100 m内岩土体特征进行总结和分析。同时对银川市的砂土液化进行分级分区，并对液化指数、液化厚度等进行数理统计，查清银川市的砂土液化分布特征与规律。为银川市建设规划（包括地下空间）提供区域工程地质支撑。

1.3 研究区位置与范围

本次研究区范围为银川市城区所在的银川平原区，西靠贺兰山，东临黄河，东西长约60 km，南北宽约40 km，面积1855 km^2。该区是银川市城区所在的区域，宁夏沿黄生态经济带的核心区，也是整个宁夏的核心区，见图1-1。

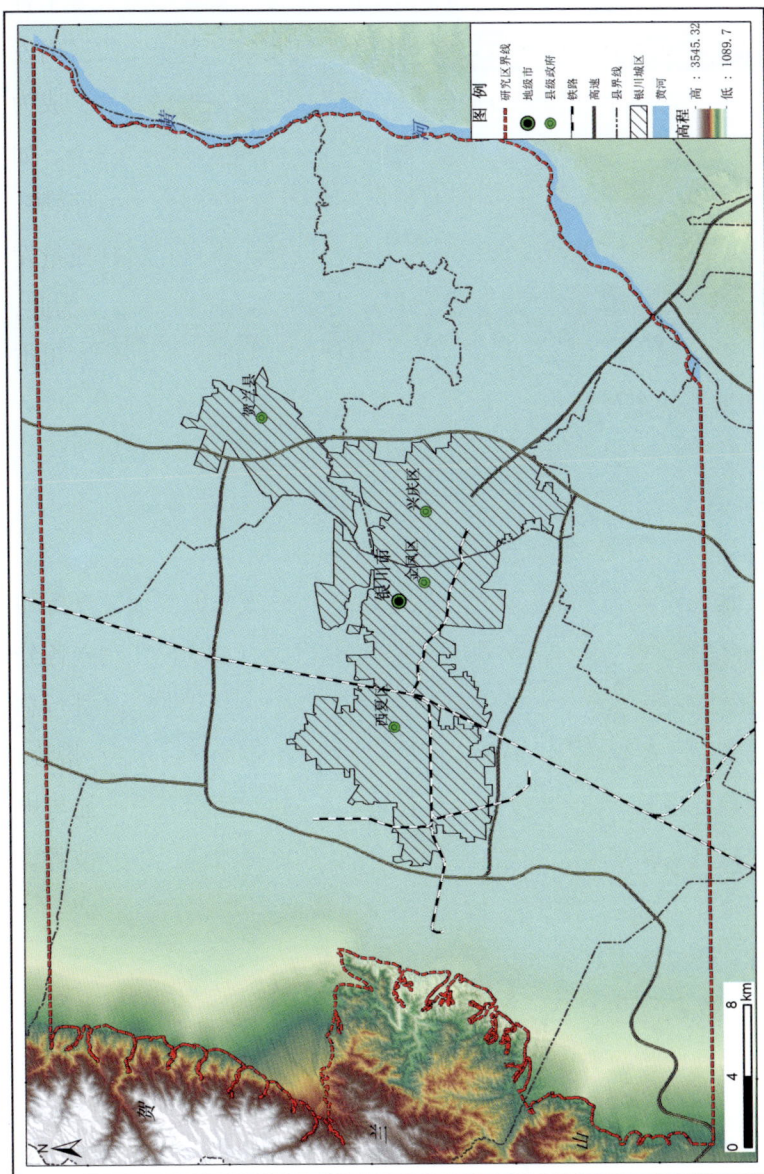

图1-1 研究区范围图

1.4 研究内容与技术路线

1.4.1 研究内容

本次主要是分析研究银川市地貌及第四系地质特征、区域工程地质分区、砂土液化等，服务银川市的规划建设，内容包括以下几个方面。

第一，在充分收集整理前人资料成果的基础上，利用 GIS 技术和遥感技术对研究区内的第四系地质地貌进行综合分析研究，厘定界线，绘制最新的第四系地质地貌图，为区域工程地质研究奠定基础。

第二，在大量前人工程地质调查勘察的基础上，结合第四系地质地貌研究，对研究区的工程地质进行分区，编制区域工程地质分区图和工程地质剖面图，厘定各分区100 m 以内的工程地质综合柱状图。

第三，根据前人砂土液化研究、本次工程地质分区和各工程控制点标准贯入试验，对研究区内的砂土液化的空间分布规律和特征进行分析研究，对液化指数、液化厚度、液化层顶底板进行数理统计，为区域砂土液化的防治提供依据。

1.4.2 研究技术路线

本次研究技术路线从研究的目标和意义出发，开展系统的资料收集和分析研究，建立研究区区域工程地质分区，分区建立工程地质综合柱状图，进行100 m 内岩土体特征分析研究，并对区内的主要工程地质问题砂土液化分布规律进行分析研究。阐明区内的区域工程地质条件特征，为银川市建设规划（包括地下空间）提供区域工程地质支撑，见图1-2。

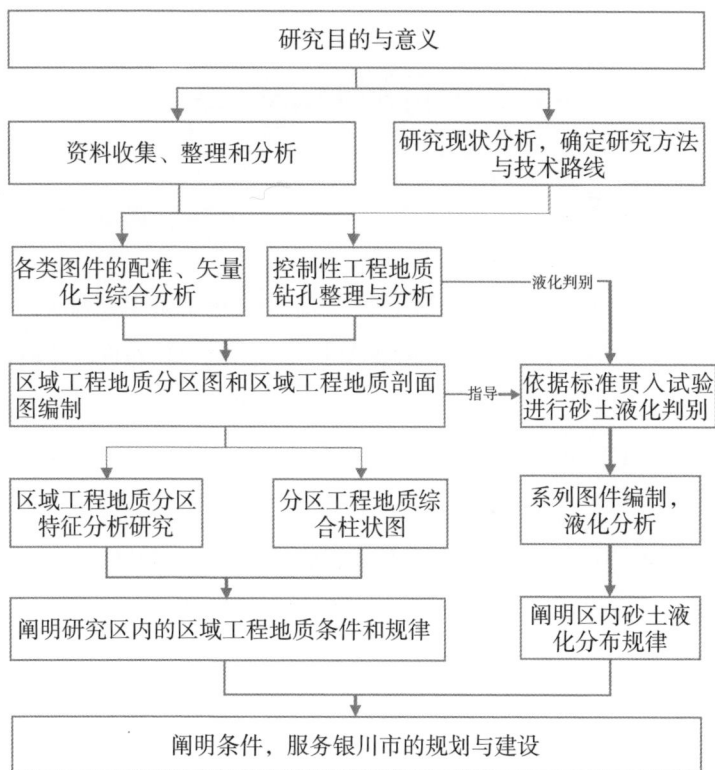

图1-2 研究技术路线图

第2章 资料收集与分析

资料的收集与分析是本次研究的基础和前提。本编写组从2016年起在研究区内开展综合地质调查工作，编制了芦花台幅、银川幅和贺兰幅等工程地质图及说明书，同时完成了芦花台幅、银川幅和贺兰幅等工程地质钻探工作。在这些项目的实施过程中，编写组对研究区内的工程地质成果资料和工程地质钻孔资料进行了收集与分析，成为本次研究的基础。现将资料收集分析工作简述如下。

2.1 资料收集

本次研究需要收集大量的资料，包括地质、水文地质和工程地质等，主要为工程地质资料。工程地质资料主要包括工程地质调查成果和工程地质钻探两个方面。

2.1.1 工程地质调查成果

本次收集的工程地质报告主要包括区域工程地质调查和工程建设项目岩土勘察两类。

（1）区域工程地质调查

研究区地处银川市区一带，是宁夏的核心区，也是宁夏区域工程研究程度最高的地区，前人先后在此开展了一系列的区域工程地质调查。主要包括1987年，宁夏原地矿局第二水文地质工程地质队完成1：50万的《宁夏工程地质远景区划》（1：50万）；1985年至1990年8月，宁夏原地矿局第一水文地质工程地质队完成《1：5万银川市水文地质工程地质环境地质综合勘察评价》；2016—2019年，宁夏回族自治区水文环境地质勘察院和宁夏回族自治区地质调查院先后完成芦花台幅、新城幅、头道墩幅、杭盖井幅、银川幅和贺兰幅等6幅图的1：5万综合地质调查项目，编制了6幅1：5万工程地质图及说明书，见表2-1。通过这些项目，研究区内的区域工程地质研究程度达到了1：5万精度。

（2）工程建设项目岩土勘察

研究区的人类工程活动强烈，宁夏地质工程勘察院在研究区内开展了大量的工程建设项目岩土勘察，也为本次研究提供了大量的数据和依据。本次选取具有代表性的岩土勘察报告作为区域工程地质调查项目的补充，对一些勘察空白区进行控制，也是本次项目的一个重要资料。

2.1.2 工程地质钻探

工程地质钻孔是本次研究的基本数据和依据，是本次研究的核心数据。本次研究共收集控制工程地质钻孔180个，累计进尺达7449.9 m。其中2016—2019年1：5万图幅综合地质调查部署的区域工程地质孔71个，30个100 m工程孔，41个50 m工程地质孔，进尺达到5077.6 m，是本次研究的基础性控制孔；工程建设项目岩土勘

表 2-1　已收集到与本书研究相关前人工程地质项目一览表

工作类别	代号	成果名称	精度（比例尺）	提交时间	完成单位
区域工程地质调查评价	I	1 宁夏工程地质远景区划	1：50万	1987	原宁夏地矿局第二水文地质工程地质队
区域工程地质调查评价	I	2 1：5万银川市水文地质工程地质环境地质综合勘察评价	1：5万	1990	原宁夏地矿局第一水文地质工程地质队
		3 基于三维技术的银川市岩土工程质量评价	1：5万	2010	宁夏回族自治区水文环境地质勘察院
		4 银川市工程建设地质条件适宜性评价	1：5万	2017	宁夏回族自治区水文环境地质勘察院
		5 宁夏沿黄经济区综合地质调查 - 芦花台幅 1：5万综合地质调查	1：5万	2016	宁夏回族自治区水文环境地质勘察院
		6 宁夏沿黄经济区综合地质调查——头道墩、杭盖井 1：5万综合地质调查	1：5万	2016	宁夏回族自治区地质调查院 宁夏回族自治区水文环境地质勘察院
		7 宁夏沿黄经济区综合地质调查 - 新城幅 1：5万综合地质调查	1：5万	2017	宁夏回族自治区地质调查院 宁夏回族自治区水文环境地质勘察院
		8 宁夏沿黄生态经济区综合地质调查 - 银川幅、贺兰幅 1：5万综合地质调查	1：5万	2019	宁夏回族自治区水文环境地质勘察院
工程建设项目岩土勘察	II	具有代表性的 100 份工程建设项目岩土勘察报告	一般 1：1000	2005-2016	宁夏地质工程勘察院

察收集控制孔109个，进尺2372.3 m，也是本次研究重要钻探依据，见表2-2。

表 2-2 本次研究控制钻孔编号及孔深一览表

序号	编号	孔深	序号	编号	孔深	序号	编号	孔深	序号	编号	孔深
1	HLg01	50.2	46	Lg06	50.0	91	G026	20.5	136	G098	35.5
2	HLg02	50.1	47	Lg07	50.3	92	G027	15.5	137	G100	20.5
3	HLg03	50.2	48	Lg08	50.4	93	G028	20.5	138	G101	15.5
4	HLg04	50.2	49	Lg09	50.7	94	G031	15.5	139	G102	12.5
5	HLg05	50.2	50	Lg10	50.2	95	G033	50.0	140	G103	15.5
6	HLg06	50.2	51	Lg11	50.2	96	G035	15.5	141	G104	20.5
7	HLg07	50.2	52	Lg12	53.5	97	G036	20.5	142	G106	20.5
8	HLg08	50.3	53	Lg13	50.0	98	G037	30.5	143	G107	35.5
9	HLg09	100.3	54	Lg14	50.1	99	G038	15.5	144	G109	20.5
10	HLg10	50.2	55	HG01	100.5	100	G039	15.5	145	G110	30.5
11	HLg11	50.2	56	HG04	100.0	101	G040	40.5	146	G113	40.5
12	HLg12	100.2	57	HG06	100.1	102	G043	45.5	147	G115	15.5
13	HLg13	100.3	58	HG07	50.3	103	G045	20.0	148	G117	20.0
14	HLg14	100.3	59	HG10	100.6	104	G046	20.3	149	G118	30.5
15	HLg15	50.0	60	HG15	100.3	105	G048	20.0	150	G119	20.0
16	HLg16	50.2	61	Xg01	101.0	106	G049	20.2	151	G120	20.5
17	HLg17	100.3	62	Xg02	101.0	107	G050	20.0	152	G121	30.5
18	HLg18	50.2	63	Xg03	100.2	108	G051	20.5	153	G123	20.5
19	HLg19	50.2	64	Xg04	100.3	109	G052	20.2	154	G124	40.5
20	HLg20	50.2	65	Xg05	100.8	110	G054	15.5	155	G125	15.5
21	YCg01	100.2	66	Xg06	100.3	111	G056	15.5	156	G126	20.5

续表

序号	编号	孔深	序号	编号	孔深	序号	编号	孔深	序号	编号	孔深
22	YCg02	50.3	67	Xg07	104.0	112	G057	25.5	157	G127	15.5
23	YCg03	50.2	68	Xg08	100.2	113	G058	20.3	158	G129	15.5
24	YCg04	50.3	69	Xg09	101.0	114	G061	15.5	159	G133	15.5
25	YCg05	50.0	70	Xg10	101.0	115	G064	15.5	160	G134	20.0
26	YCg06	100.2	71	Xg11	101.0	116	G065	20.5	161	G135	20.0
27	YCg07	100.2	72	BG01	50.1	117	G066	20.4	162	G136	20.0
28	YCg08	100.2	73	BG05	50.1	118	G068	20.3	163	G137	20.0
29	YCg09	50.3	74	BG06	50.1	119	G069	20.0	164	G138	20.0
30	YCg10	50.2	75	G007	15.5	120	G070	15.5	165	G139	30.5
31	YCg11	50.3	76	G008	15.5	121	G077	20.1	166	G140	20.0
32	YCg12	100.5	77	G009	20.5	122	G078	20.5	167	G142	15.5
33	YCg13	50.2	78	G010	15.5	123	G079	15.5	168	G143	15.5
34	YCg14	50.2	79	G011	20.5	124	G081	30.5	169	G145	15.5
35	YCg15	50.2	80	G012	15.5	125	G082	15.5	170	G146	20.5
36	YCg16	50.2	81	G013	20.5	126	G083	15.5	171	G147	15.5
37	YCg17	50.2	82	G014	30.5	127	G084	20.5	172	G148	15.5
38	YCg18	50.2	83	G015	15.5	128	G085	15.5	173	G149	50.0
39	YCg19	50.2	84	G017	20.5	129	G087	15.5	174	G150	15.5
40	YCg20	50.2	85	G018	15.5	130	G088	20.5	175	G151	15.5
41	Lg01	50.0	86	G020	45.5	131	G090	15.5	176	G152	15.5
42	Lg02	100.1	87	G022	15.5	132	G094	35.5	177	G153	15.5
43	Lg03	100.1	88	G023	20.5	133	G095	15.5	178	G154	15.5
44	Lg04	100.6	89	G024	15.5	134	G096	15.5	179	G155	15.5
45	Lg05	100.1	90	G025	20.5	135	G097	20.1	180	G156	20.5

合计180个，累计井尺7449.9 m

2.2　资料分析

资料收集是研究工作的前提，资料分析是研究工作基础和重要内容。本次资料分析从以下几个方面进行。

2.2.1　控制性工程地质钻孔卡片集的编制

工程地质钻孔是本次研究的基础数据和资料，是研究工作的前提。编写组首先对工程地质钻孔卡片进行整理分析，编制了工程地质钻孔卡片集。统一工程地质钻孔卡片的编号、坐标，对钻孔的代表性进行分析，每个钻孔都有钻孔柱状图、原位试验和试验数据。最终选取了180个工程地质钻孔卡片，作为本次研究的控制性钻孔卡片。

本次选取的控制性工程地质钻孔分布基本均匀，能够基本控制研究区的各个地貌分区，见图2-1。而且本次钻孔的控制深度较大，其中100 m以上的钻孔达30个，50 m钻孔41个，平均孔深达41.4 m。这些区域分布均匀合理，控制深度大（达100 m）的工程地质钻孔集是本次研究相对前人区域工程地质工作的突破，从水平和垂直上都有了很大的突破，也是本次研究的一个重要目的和意义。

2.2.2　系列图件编制

前人成果资料包括大量的地质地貌和工程地质分区图件，如何利用GIS技术将其进行汇总集成，成为本次研究的重要工作。

（1）第四系地质地貌图编制

前人对研究区的地质地貌进行了大量的调查研究工作，形成

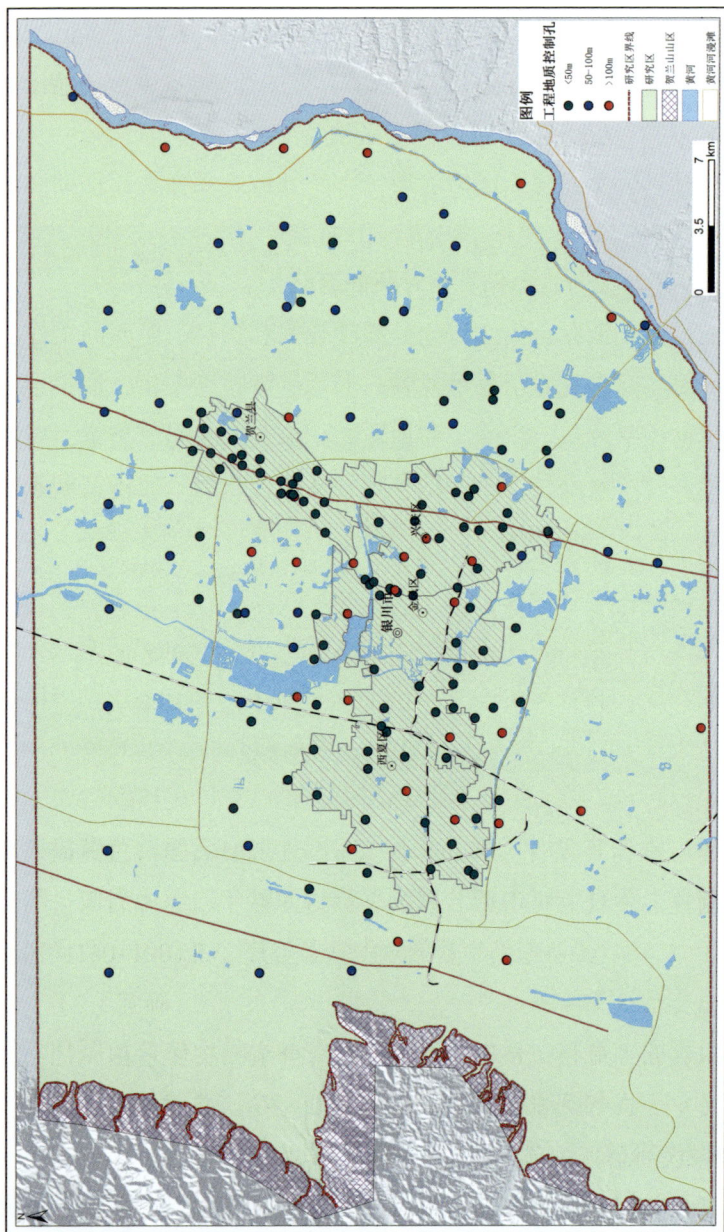

图2-1　研究区钻孔分布图

了很多第四系地质地貌图件，但这些图件有的存在误差，有的只有部分，有的没有电子版。急需要先进的 GIS 技术、遥感技术对这些成果进行综合解译和校正，编制出精度可靠，认识统一且科学合理的第四系地质地貌图，作为一个基础性地质成果，服务水工环地质工作。为此，编写组收集、扫描、校正和矢量化了大量的地质地貌图件，并利用地形图和遥感数据进行综合解译，绘制出研究区1：5万第四系地质地貌图，该图是研究区目前精度最高的第四系地质地貌图，而且是矢量格式，为后续的工程地质分区奠定了坚实的基础，同时也为后续的第四系地质地貌研究提供重要的参考，是本次研究的一个重要成果资料。

（2）系列区域工程地质图件的编制

根据前人工程地质图和第四系地质地貌图的修编工作，以及对研究区内工程地质条件的研究，本次研究编制了区域工程地质分区图和贯穿研究区的区域工程地质剖面图，该分区图和剖面图精度达到了1：5万，是认识研究区的工程地质条件和特征的最直观的图件，也是对大量工程地质资料和数据的汇总分析，可为城市的建设规划提供直接依据。在工程地质分区的基础上，结合大量控制性的工程地质钻孔（主要指100 m 工程地质孔）建立了各工程地质分区的100 m 以浅工程地质综合柱状图，对各岩土体的工程分布范围和工程地质特性进行汇总分析，为后续的岩土体勘察、三维工程地质建模和地下空间开发提供基本遵循和依据。

（3）系列砂土液化图件编制

编写组依据抗震勘察的相关规范，利用标准贯入原位试验和岩土体结构对每个工程地质孔进行砂土液化判定，如果具有砂土液化不良工程地质问题，计算其液化指数，液化等级，液化层厚度，液化层顶底板。然后根据液化计算结果绘制砂土液化分布图，液化层厚度分布图，液化层顶底板埋深图，液化指数曲线图，液化层顶底板埋深曲线图，液化指数与液化层厚度关系图等。这些系列的砂土液化平面图和数理统计图基本表达了研究区内砂土液化分布规律和特征。

第3章　研究区概况

3.1　自然地理概况

3.1.1　交通位置

研究区位于宁夏中部，银川市一带，黄河上游银川平原中部。行政隶属银川市的兴庆区、金凤区、西夏区、永宁县和贺兰县等区县。地理坐标介于北纬38° 20′ 2.8″ ~38° 40′ 54.8″，东经105° 52′ 22.8″ ~106° 35′ 45.2″。

研究区内交通发达，银川绕城高速不仅与银川城市道路相连，另外还同京藏高速公路、银青高速公路、国道109线、国道110线等主要公路干道连通，使该区处在重要的全国高速公路大通道上。区内交通便捷，现已形成了公路、铁路为主的立体交通网。研究区交通位置如图3-1所示。

3.1.2　气象与水文

（1）气象

研究区位于宁夏银川市，该地区气候属大陆性中温带干旱—

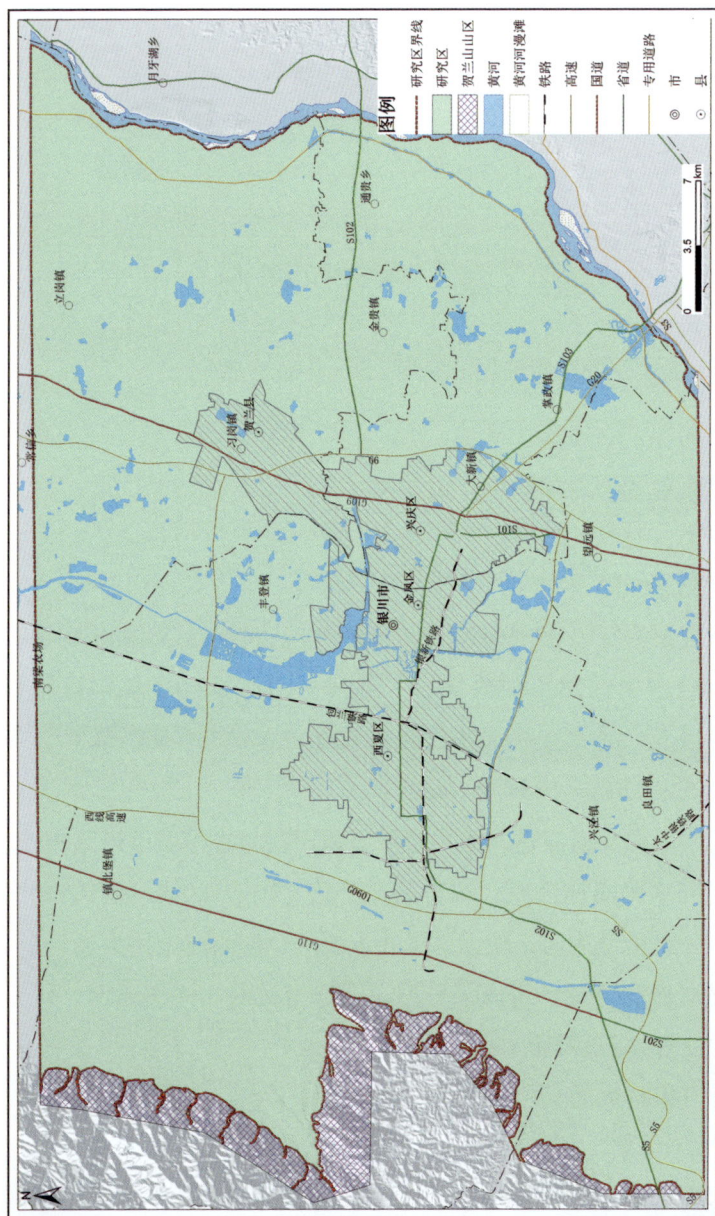

图3-1 研究区交通位置图

半干旱气候区，具有冬寒长、夏热短、春暖迟、秋凉早，干旱少雨、日照充足、蒸发强烈、风大沙多等气候特点。据银川市气象站（1979—2017年）资料，年平均气温8.5℃，月平均最高气温25.4℃，月平均最低气温 –14.6℃，极端最高气温39.3℃，极端最低气温 –30.6℃。四季多风，夏季多南风，冬季多北风，平均风速4.0 m/s。年平均降水量202.2 mm，年最大降水量354.3 mm，年最小降水量98.2 mm，降水多集中在七、八、九三个月。年最大蒸发量1972.6 mm，年平均蒸发量1787.3 mm，年平均湿度为53%，银川市区最大冻土深度为1.03 m。主要气象要素见图3-2、表3-1。

（2）水文

研究区位于青铜峡引黄灌溉区中部，属黄河流域，其东黄河干流流过，区内人工沟渠纵横，湖泊密布。

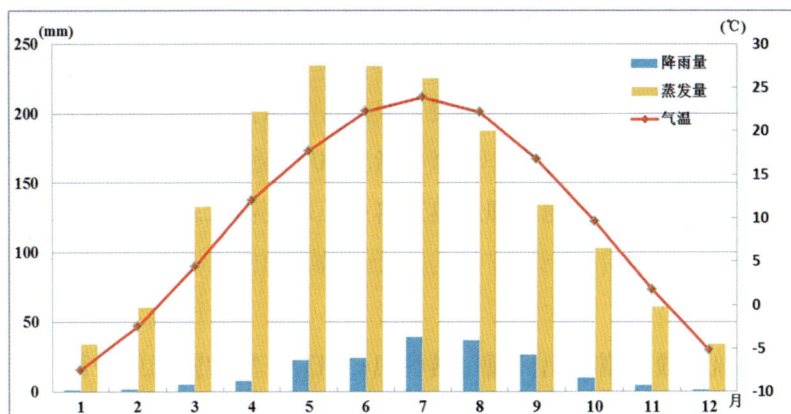

图3-2　银川气象站1979—2018年月平均气象要素图

表 3-1　主要气象要素一览表（银川市气象站 1979—2017）

指标	数据	指标	数据
多年平均气温℃	8.5	年平均蒸发量 mm	1787.3
极端最高气温℃	39.3	年平均湿度 %	53
极端最低气温℃	−30.6	最大冻土深度 m	1.03
年平均降雨量 mm	202.2	年平均风速 m/s	4.0

黄河干流由南向北从研究区东侧流过，多年平均径流量为308亿 m^3。

研究区引黄灌溉已有两千多年的历史，目前已形成了完善的灌排体系。区内主要引黄干渠有唐徕、汉延、惠农、西干等渠，多年引水量40多亿 m^3；区内主要的排水沟有第二排水沟、第四排水沟、第五排水沟、河西总排水沟、永二干沟、银东干沟、银新干沟等干沟。

研究区湖泊湿地众多，古有"七十二连湖"之说，现有"塞上湖城"之美称。主要的湖泊湿地有鸣翠湖、阅海湖、七十二连湖、宝湖、北塔湖、宁大湖等。湖泊湿地是区内重要的自然资源，发挥着重要的生态功能，拥有众多的动植物资源，也是重要的旅游资源。

3.2 社会经济概况

研究区位于银川市。现以《银川市2019年国民经济和社会发展统计公报》对研究区内的社会经济概况进行简述。

3.2.1 人口与经济

2019年年末银川市常住人口229.31万人，比上年末增加4.25万人，占全区33.01%。其中：城镇人口181.28万人，占银川常住人口的比重为79.1%。

2019年银川市生产总值为1896.79亿元，增速6.3%，占全区的50.6%。全年全市城镇居民人均可支配收入38 217元，比上年增长7.4%；全年全市农村居民人均可支配收入15 282元，比上年增长7.9%。

3.2.2 工业和建筑业

2019全年全部工业增加值比上年增长6.0%。规模以上工业增加值增长6.0%。规模以上工业中，电力、热力的生产和供应业增加值比上年增长4.9%。规模以上工业企业实现销售产值1944.65亿元，比上年增长5.1%。

全市具有资质等级建筑业企业484个，实现建筑业总产值434.88亿元，比上年增长12.9%。建筑工程实现产值391.98亿元，比上年增长11.9%。房屋建筑施工面积1497.93万平方米；房屋建筑竣工面积428.8万平方米。

3.2.3 固定资产投资

2019年完成房地产开发投资275.35亿元，比上年下降6.7%，其中，住宅开发投资191.88亿元，比上年下降3.2%。商品房施工面积3799.45万平方米，比上年下降0.1%，其中，住宅施工面积2381.93万平方米，比上年下降0.7%。商品房销售面积679.38万平方米，比上年增长10.9%。商品房待售面积600.97万平方米，比上年增长2.5%，其中，住宅待售面积217.18万平方米，比上年下降3.6%。全年商品房销售额437.51亿元，比上年增长21.5%，其中，住宅销售额390.37亿元，比上年增长32.0%。

3.2.4　城市建设

2019年年末建成区绿化覆盖面积7860.42公顷。年末建成区园林绿地面积7782.56公顷，其中，建成区公园绿地面积2431.34公顷。

2019年年末全市公共汽车线路达到155条，公共汽车运营车辆1820辆；公交标准运营车辆2341标台；每万人拥有公交车辆12标台。年末全市各种民用汽车保有量92.70万辆，比上年增长9.0%，私人汽车保有量84.73万辆，比上年增长8.5%。

3.3　地形地貌

研究区位于银川平原中部，东西长约60 km，南北宽约40 km，呈现出西高东低的地形地貌形态，这样的地形地貌形态反映出了研究区所处的构造格局，同时也控制了研究区内沉积环境，进而决定了研究区的岩土体分布规律。故地形地貌分析研究具有基础意义。

3.3.1　地形与地势

研究区位于银川平原中部，海拔高程1089~1876 m，呈现出西高东低的地貌格局，且地形坡度也呈现出西陡东缓。西部洪积倾斜平原（国道110线以西）地形向东倾斜，戈壁地貌景观，海拔高程1130~1876 m，地形坡度1.5°~40°，一般1.5°~10°，呈现出由西向东变缓的规律，为典型的洪积扇地貌特点；东部为冲洪积、冲湖积平原，海拔高程1089~1130 m，地形微向东倾斜，地形坡度一般小于1°，地形平坦地势开阔，其上沟渠纵横，农田密布，高楼林立。

3.3.2 地貌分区

根据地形特征和沉积环境，在前人第四系地质地貌研究成果的基础上，利用遥感和GIS技术，对研究区的地形地貌进行系统的分析研究，形成最新的地貌分区成果（1：5万精度）。研究认为区内地貌根据成因可分为堆积侵蚀类型（Ⅰ）、堆积类型（Ⅱ）、风积类型（Ⅲ）、侵蚀构造类型（Ⅳ），研究区地貌分区如表3-2和图3-3所示。

3.3.2.1 堆积侵蚀类型（Ⅰ）

堆积侵蚀类型地貌分布在研究区的西部（图3-3），海拔1130~1876 m。该地貌单元主要受洪水影响，在洪水冲刷的地段侵蚀，形成沟谷等地貌，在洪水停滞的地段堆积，形成洪积扇等地貌。根据洪水作用的强度和地貌形态等可进一步分为山前洪积倾斜平原（Ⅰ₁）和冲洪积平原（Ⅰ₂）两个形态类型（表3-2）。

（1）山前洪积倾斜平原（Ⅰ₁）

山前洪积倾斜平原（Ⅰ₁）位于研究区西部的贺兰山山区洪积扇群一带，地面高程1130~1876 m，由西向东倾斜，是洪水侵蚀堆积地区，洪积作用强烈。沿贺兰山东麓呈带状展布，东西宽1.7~10 km，面积约304 km²，洪积扇顶部地面坡度10°~30°。块石累累，植被稀疏；洪积扇中部带，地面坡度1.5°~10°，砂砾混杂，常夹有细粒物质透镜体；洪积扇前缘带，地面坡度小于1.5°，地势平坦。按组成的第四系沉积和微地貌形态的不同可进一步划分为古洪积扇、老洪积扇、新洪积扇、洪积平原和近代洪积扇、沟谷六个亚型。

表3-2　研究区地貌分区表

成因类型		形态类型		形态亚型		地质时代
名称	代号	名称	代号	名称	代号	
堆积侵蚀	I	山前洪积倾斜平原	I_1	古洪积扇	I_{1-1}	Qp^{1pl}
				老洪积扇	I_{1-2}	Qp^{2pl}
				新洪积扇	I_{1-3}	Qp^{3-1pl}
				洪积平原	I_{1-4}	Qp^{3-2pl}
				现代洪积扇	I_{1-5}	Qh^{3pl}
				沟谷	I_{1-6}	Qh^{3pl}
		冲洪积平原	I_2	冲洪积平原	I_{2-1}	Qp^{3-2pl}
				扇前洪积洼地	I_{2-2}	Qh^{2pl}
堆积	II	冲积平原	II_1	黄河河漫滩	II_{1-1}	Qh^{3al}
				黄河一级阶地	II_{1-2}	Qh^{2al}
				黄河二级阶地	II_{1-3}	Qh^{1al}
		湖积平原	II_2	低平碱滩地	–	Qh^{3hl}
风积	III	固定半固定沙丘	III_1	–	–	Qh^{3eol}
		流动沙丘	III_2	–	–	Qh^{3eol}
侵蚀构造	IV	贺兰山中低山	IV	–	–	–

①古洪积扇（I_{1-1}）

分布于研究区西部的甘沟沟口一带，海拔高程1380~1720 m，成条状分布，西高东低，高于周边洪积扇，地形坡度一般大于5°，局部可大于20°，与贺兰山基岩山区相连。由下更新统杂色砾岩、砂砾岩组成。

②老洪积扇（I_{1-2}）

分布于研究区西部的山前，主要在甘沟和榆树沟沟口一带，海拔高1380~1876 m，西高东低，高于周边的洪积扇，地形坡度一般大于5°，局部可大于20°。由中更新统灰黄、棕黄色碎石、块石组成。

③新洪积扇（I_{1-3}）

分布于研究区西部的山前，主要分布在甘沟和黄旗沟洪积扇一带，榆树沟和大窑沟一带也有零星分布。面积较为广，地形向东倾斜，海拔高程1200~1620 m，地形坡度一般小于5°。由上更新统灰黄、棕黄色碎石、块石组成。

④洪积平原（I_{1-4}）

在研究区西部一带广泛分布，主要分布在国道110线以西的广大洪积倾斜平原之上，是山前洪积倾斜平原的主要构成部分，地形向东倾斜，地势开阔，较为平缓，海拔高程1130~1370 m，坡度一般小于3°。由上更新统灰黄、棕黄色碎石、块石组成。

⑤现代洪积扇（I_{1-5}）

主要分布在黄旗沟、甘沟、山咀沟、榆树沟的沟口一带，地形呈扇形分布，地形较为平缓，坡度一般小于5°，为洪水和泥石流漫流影响区域。由全新统灰黄、棕黄色碎石、块石组成。

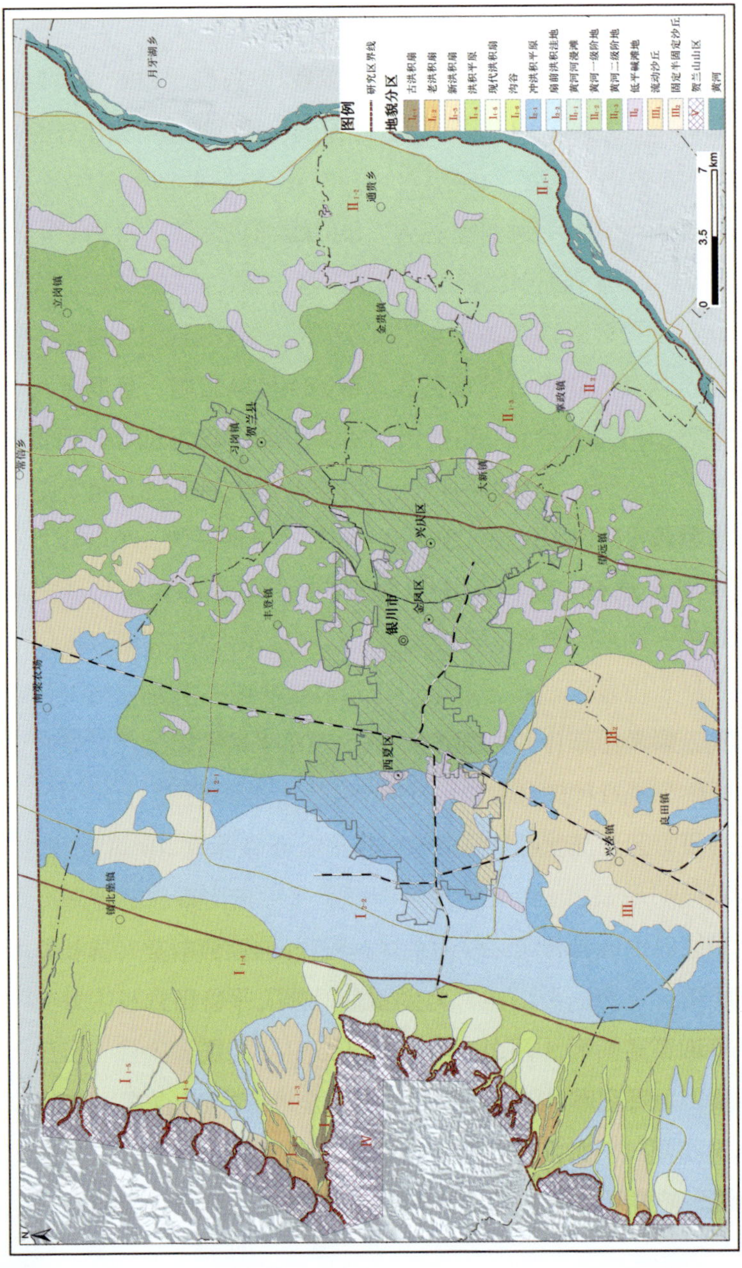

图3-3 研究区地貌分区图

⑥沟谷区（I$_{1-6}$）

在研究区西部的山前洪积倾斜平原上广泛分布，呈条带状，宽度几十米到几百米不等，一般为 V 型沟，为洪水和泥石流通道。由全新统灰黄、棕黄色碎石、块石组成。

（2）冲洪积平原（I$_2$）

冲洪积平原（I$_2$）西邻山前洪积倾斜平原，东部与冲积湖积平原二级阶地后缘相交，该平原呈南北向延伸，东西宽5~15 km，由洪积相物质与冲积相物质交错堆积而成，地面高程1110~1130 m。地势自西向东微微倾斜。地面坡度一般小于1°，地形平坦，土质肥沃，利于灌溉和垦殖，是主要的农业、林牧业发展基地，银川西夏区城区主要分布在该区。根据地貌形态和第四系沉积可进一步分为冲洪积平原（I$_{2-1}$）和扇前洪积洼地（I$_{2-2}$）两个亚型。

①冲洪积平原（I$_{2-1}$）

分布在研究区中部一带，国道110线至新开渠的广大区域，地形平坦，地势开阔，海拔高程1110~1130 m，地形坡度一般小于1°。其上堆积上更新统冲洪积含砾细砂层。是洪积与冲积的交汇过渡地带。

②扇前洪积洼地（I$_{2-2}$）

主要分布在平吉堡至镇北堡一带的国道110线以东地区，另外在山前洪积倾斜平原的低洼地带也有零散分布。该区地势低平，海拔高程一般1110~1130 m，地形坡度一般小于1.5°。该区为甘沟、黄旗沟、榆树沟等沟谷洪水的滞洪区。

3.3.2.2 堆积类型（Ⅱ）

研究区内的堆积类型主要指水成堆积地貌，冲积与湖积地貌，主要包括冲积平原（Ⅱ₁）和湖积平原（Ⅱ₂）。冲积主要有黄河河流冲积形成的黄河河漫滩、黄河一级阶地和黄河二级阶地。湖积为低平碱滩地。

（1）冲积平原（Ⅱ₁）

冲积平原（Ⅱ₁）西与冲洪积平原相邻，向东延伸至黄河岸边，宽为10~30 km。海拔1089~1114 m。由古黄河多次摆动改道堆积而成。该平原因受银川断陷盆地周边断裂构造的控制，第四纪以来处于沉降状态，到全新世时，以下降为主同时伴有某种程度振荡式的抬升。因此，在近代冲积平原上，除沿河岸一带形成河漫滩地外，整个平原没受到强烈切割，地形低洼平坦，地面坡度小于0.5°，向东北微微倾斜，由西向东可划分为黄河冲积二级阶地（Ⅱ₁₋₃）、黄河冲积一级阶地（Ⅱ₁₋₂）及黄河漫滩（Ⅱ₁₋₁）三个形态类型。

①黄河漫滩（Ⅱ₁₋₁）

主要分布在黄河西岸一带和滨河大道以东地区，沿黄河呈条带状分布，宽度0.6~3.8 km，地势低平，其南北向坡降为0.18‰，东西向坡降为0.17‰ ~1‰，海拔1089~1108 m，湖泊湿地密布。为黄河洪水影响区，其上堆积全新统冲积粉细砂与黏性土层互层。

②黄河冲积一级阶地（Ⅱ₁₋₂）

分布在黄河河漫滩以西，南北向条带状分布，东西宽度2~10 km，地形低平，海拔高程1106~1114 m，地形坡度小于0.5°，其西部一带湖泊湿地南北向相连分布，为汉延渠和惠农渠之间的渠间洼地湖。现为银川市的重要蔬菜产区，也是银川市湖泊湿地的重要分布区域。其上堆积全新统中段冲积粉细砂与黏性土层互层。

③黄河冲积二级阶地（Ⅱ$_{1-3}$）

分布在研究区中部的广大区域，也是研究区内面积最大的地貌单元，地形平坦，地势开阔，海拔高程1110~1120 m，地形坡度小于0.5°。是银川市城区主要的分布地貌区，是工程建设的主要区域。其上堆积全新统下段冲积粉细砂与黏性土层互层。该区由于人类强烈活动，地表地貌形态和地表土体以及地下水都发生了很大的改变。

（2）湖积平原（Ⅱ$_2$）

为低平碱滩地区，在黄河一级阶地和二级阶地上零散分布，地势低平，较周边的冲积平原为负地形。由以往湖泊湿地沉积演化形成，其上堆积湖沼淤泥质软土。该地貌类型与以往的灌溉渠系息息相关，大部分都是渠间洼地湖，是中华人民共和国成立前灌溉大于排水而形成的湖泊湿地。

3.3.2.3 风积类型（Ⅲ）

风积类型（Ⅲ）主要为风积沙地，主要是堆积在研究区冲洪积平原上的沙地。是风积在冲积和洪积作用变弱的时候形成的，往往形成与冲洪积平原向黄河二级阶地过渡的前缘地带。这与这一带洪水影响变弱，但地势较高，冲积无法作用，风积成为主导作用，就形成了风积沙地。包括固定半固定沙丘（Ⅲ$_1$）和流动沙丘（Ⅲ$_2$）。

（1）固定半固定沙丘（Ⅲ$_1$）

主要分布在研究区西部的平吉堡和南梁农场这两个区域，为固定半固定沙丘，地形较为平缓。其上堆积几米到十几米厚的风积细沙，其下为冲洪层。

（2）流动沙丘（III_2）

主要分布在研究区南部一带的广大区域，此外在贺兰五渠一带也有分布。流动沙丘区地形波状起伏，其上堆积几米到十几米厚的风积细沙，其下为冲洪层。

3.3.2.4 侵蚀构造类型（IV）

侵蚀构造地貌类型主要指研究区西侧的贺兰山中低山地区，紧邻研究区。该区为研究区的第四系地质地貌形成提供了形成动力和物源（包括水和土）。

3.4 地质概况

3.4.1 地层岩性

本次研究地表100 m以浅的岩土体，故只对本次研究涉及的地层进行分析。根据地面调查和工程地质钻探，参考前人研究成果，研究区内出露的地层为新近系和第四系。

3.4.1.1 新近系

研究区地表未出露新近系，在研究区东部一带钻孔 Hg01、Hg04、Hg06、Hg07和Hg10等钻孔揭露，为新近系彰恩堡组（N_1z），最大揭露厚度达91.6 m，未揭穿。彰恩堡组为一套河湖相红色碎屑岩沉积，岩性主要由橘红、橘黄、紫红色泥岩、粉砂质泥岩和砂岩组成。

3.4.1.2 第四系

研究区地表全部被第四系覆盖。第四系是本次研究的主体，其分布见图3-4。根据时代可以进一步分为下更新统（Q_p^1）、中更新统（Q_p^2）、上更新统（Q_p^3）和全新统（Q_h）。

（1）下更新统（Q_p^1）

研究区内出露下更新统为下更新统洪积层（Q_p^{1pl}），分布于研究区西部的甘沟沟口一带，常形成台地或夷平面，以杂色砾岩和半胶结的砂砾石层为主，厚1~15 m。

（2）中更新统（Q_p^2）

研究区内出露中更新统为中更新统洪积层（Q_p^{2pl}）：零星分布于研究区西部贺兰山山前的大干沟、大窑沟等地，岩性为灰白、灰绿砂砾石层，局部成层较显著，并夹砂层透镜体，厚度小于10 m。

（3）上更新统（Q_p^3）

研究区内的上更新统是构成地表100 m以浅的主要地层，由西向东地层沉积相是洪积—冲洪积—冲湖积，岩性颗粒变细，具有分带性。根据成因可进一步分为上更新统萨拉乌组（Q_p^3s）、上更新统下段洪积层（Q_p^{3-1pl}）、上更新统上段洪积层（Q_p^{3-2pl}）和上更新统冲洪积层（Q_p^{3-2apl}）。

上更新统萨拉乌苏组（Q_p^3s）在研究区地表未出露，但研究区内工程地质孔揭露，主要分布冲湖积平原之下的30~130 m的广大范围内。岩性为浅灰色粉细砂夹黏性土，为一套河湖相沉积物。

上更新统下段洪积层（Q_p^{3-1pl}）分布在研究区西部的新洪积扇之上，岩性为灰黄、灰褐、灰色块石、碎石及砾石，厚20~50 m，为洪积相沉积物。

上更新统上段洪积层（Q_p^{3-2pl}）广泛分布在研究区西部的洪积平原之上，是洪积平原的主要构成地层（地表100 m以浅），岩性为灰黄、灰褐、灰色块石、碎石及砾石，厚约100 m，为洪积相沉积物。

上更新统上段冲洪积层（Q_p^{3-2apl}）广泛分布在冲洪积平原之上，是冲洪积平原的主要组成地层（地表100 m以浅），岩性以灰色的含砾细砂为主，夹有多层黏性土层，为冲洪积相沉积物，结构复杂多变。

（4）全新统（Q_h）

研究区地表大部分被全新统沉积物所覆盖，由西向东地层沉积相是洪积—冲洪积—冲湖积，岩性颗粒变细，也具有分带性。全新统地层结构松散，表层受人类活动影响强烈。是水工环地质问题主要赋存的地层，也是与生态环境关系最密切的地层。根据成因可进一步分为全新统下段冲积层（Q_h^{1al}）、全新统下段洪积层（Q_h^{2pl}）、全新统中段冲积层（Q_h^{2al}）、全新统上段湖积层（Q_h^{3bl}）、全新统上段冲积层（Q_h^{3al}）和全新统上段风积层（Q_h^{3eol}）。

①全新统下段冲积层（Q_h^{1al}）

分布于冲积湖积平原二级阶地、黄河一级阶地和河漫滩的地表的下部，即研究区中部的银川市金凤区—兴庆区—贺兰县城区的广大区域。岩性以浅黄、土黄色砂黏土夹中细砂为主，为区内潜水的主要储存层位，具"二元结构"，厚度一般30 m左右，也被称之为全新统灵武组或西大滩组。

②全新统下段洪积层（Q_h^{2pl}）

主要分布于扇前洪积洼地和洪积平原的低洼地带，即在研究区西部西绕城至国道110线一带。岩性以粉细砂为主，夹含有砂砾石和黏性土，为洪积扇前缘沉积相，岩性结构复杂多变，厚度一般小于5 m。

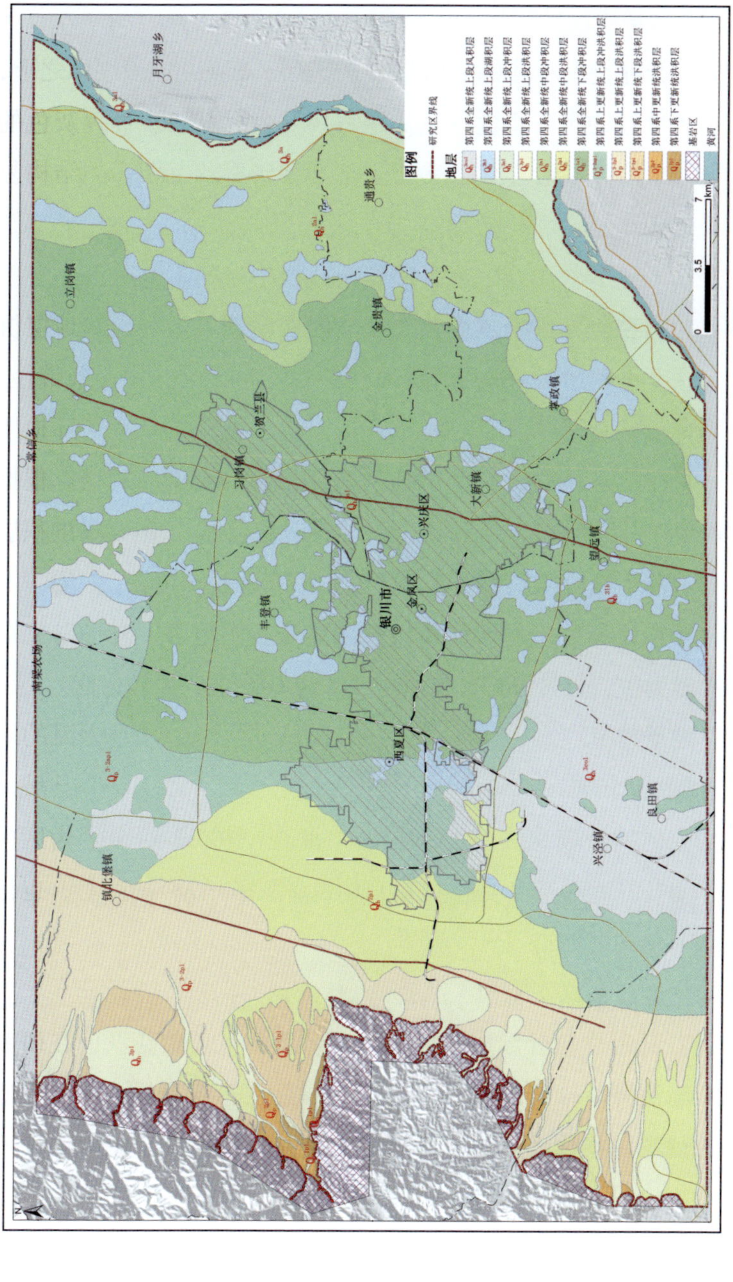

图3-4 研究区地质分区图

③全新统中段冲积层（Q_h^{2a1}）

分布于冲积湖积平原一级阶地的表层，即研究区中东部的掌政镇—通贵乡一带。岩性以黄褐色、灰黄色粉细砂、细砂、黏性土为主，亦具"二元结构"，厚度一般小于10 m，冲湖积成因。

④全新统上段湖积层（Q_h^{3h1}）

分布于地平碱滩地之上，即在研究区中东部零散分布。岩性以暗灰、灰白色黏砂土、砂黏土及淤泥质粉细砂为主，多含植物根系。厚度小于10 m，湖沼积成因。

⑤全新统上段冲积层（Q_h^{3a1}）

分布在黄河河漫滩一带，即在研究区的黄河沿岸。岩性以黄褐色的粉细砂夹黏性土层，结构松散，岩性颗粒较细，黄河冲积成因。

⑥全新统上段风积层（Q_h^{3eo1}）

分布在研究区中部的良田镇和南梁农场等地区。岩性以黄褐色的细砂为主，分选良好，颗粒均匀，结构松散，风积成因。

3.4.2　地质构造

3.4.2.1　构造归属

研究区构造归属为华北克拉通（$Ⅲ_5$）、鄂尔多斯中生代上叠盆地（$Ⅲ_5^1$）、鄂尔多斯西缘冲断带（$Ⅲ_5^{1-1}$）中的银川断陷盆地（$Ⅲ_5^{1-1-2}$）的中部一带。

银川断陷盆地（$Ⅲ_5^{1-1-2}$）是喜马拉雅期盆地东、西两侧北北东向断裂右行走滑拉分形成断陷盆地，可能萌生于始新世，在中新世末断陷沉降活动加剧，形成巨厚的古近系—新近系沉积，第四纪仍有活动。盆地内新生界厚度变化受基底构造的控制，中部凹陷区是沉降最深的部位，自渐新世以来，沉积了厚达9000 m的新生代沉积物。盆地内一系列倾向相同的NNE向正断层，使地层逐级由两侧向中心错落，形成阶梯状地层结构。基底凹陷中心与沉降中心相吻合，总体上盆地内古近纪—新近纪沉降中心靠盆地西侧，且北部厚于南部。中部凹陷区内自北而南分布着平罗北、常信、银川北三个次级凹陷，第四系厚度达2000 m以上。盆地内沉降中心从古近纪—新近纪到第四纪，由南向北迁移。新生界在盆地南北两端较薄，南端吴忠南第四系厚147 m，北端的石嘴山石炭系和二叠系甚至出露地表。

3.4.2.2 新构造运动

研究区内新构造运动强烈，现从断裂构造和地震两个方面对研究区所在区域新构造进行描述。

（1）断裂构造

研究区主要受贺兰山东麓断裂、芦花台断裂、银川断裂和黄河大断裂控制（图3-5），现由西向东简述如下。

贺兰山东麓断裂：是银川断陷西边界，该断裂与贺兰山山麓线大体平行，地貌特征与遥感影像十分显著，从研究区西侧一带经过。断裂北起石嘴山西柳条沟，南接牛首山东麓—大罗山东麓断裂，全长约139 km，宽度为10~16 km。贺兰山东麓断裂带沿倾向主要由插旗口断裂、苏峪口东台地断裂、头关—套门沟断裂等组成贺兰山东麓阶梯状正断裂带，断裂总体走向北北东，倾向南东东，倾角65°~80°不等。断层以西是高峻挺拔的贺兰山，主峰敖包疙瘩海拔3556 m，以东为开阔富饶的银川平原，海拔1100~1300 m，两者地形高差达2200 m，新生代以来，该断层活动强烈，垂直运动幅度近10000 m，尤其是晚第四纪以来，该断层错断了晚更新世—全新世地层，山前和洪积扇上普遍发育断层崖地貌，晚更新世以来滑动速率达2.1 mm/a。被认为是1739年平罗8级大地震的发震断裂。

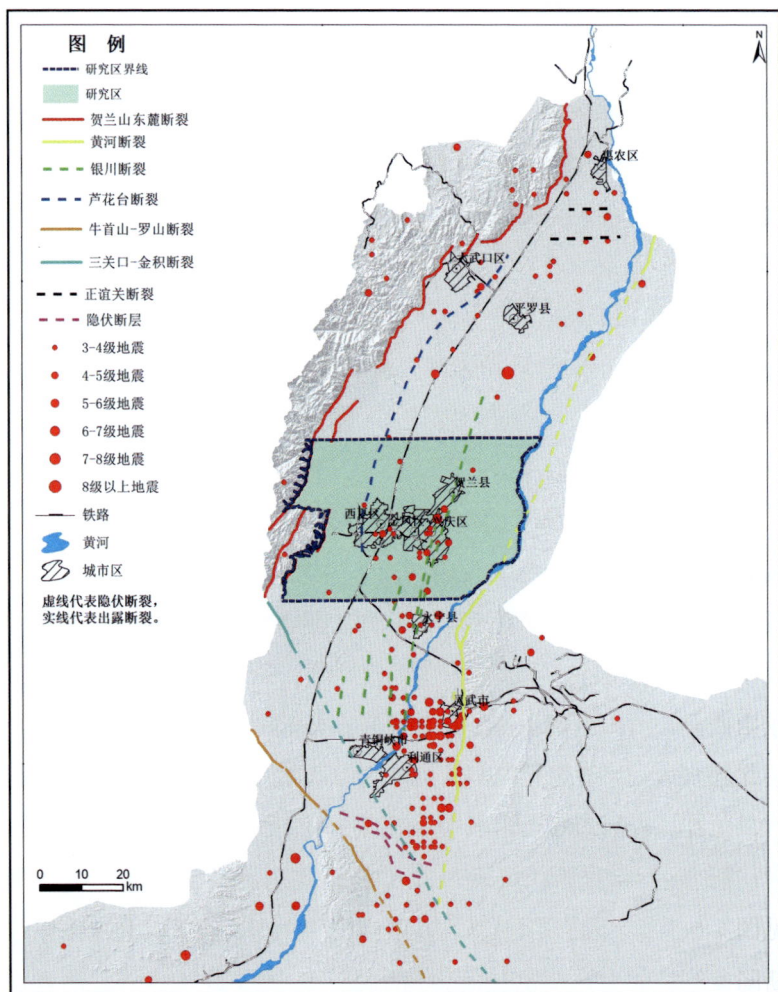

图3-5　研究项目区构造刚要图

芦花台断裂：是银川断陷盆地内一条重要的隐伏断裂，南起东大滩，从研究区西部的银川市西夏区西部穿过向北终止于石嘴山市大武口西南，长约80km。该断裂是银川古近纪断陷盆湖的西界，在银川西古近系底面落差为3km，至石嘴山市断距增加到3.4km。该断裂最新活动时代至少为（8.0±0.5）ka以前，断点埋深4.62m，全新世垂直滑动速率为0.073mm/a，晚更新世以来垂直滑动速率为0.094mm/年。

银川断裂：北起黄渠桥南至永宁，延伸长度85km，南段止于一条走向北北东向西倾的隐伏正断层，倾角45°~77°，最大断距3220m，断距由南向北变小。在古近纪时，该断裂控制沉积盆地的东界，至第四纪直到现代仍有持续活动。银川南门至羊肉街口、鼓楼一线的浅层小地堑构造西部边界位置与银川断裂相吻合。

黄河大断裂是银川断陷盆地的东部边界构造，长度160km，从研究区东南角一带穿过。按断层活动性和出露情况，可分为三段，南段和北段为裸露地表，中段为隐伏段。南段，又称灵武断层，属于晚第四纪活动最为显著的段落，展布在银川河东机场、灵武东山西麓至大泉一带，控制了银川盆地南部第四纪沉降中心，断层北起水洞沟，南至大泉，长48km。该断裂是区域性控制大断裂。

（2）地震

研究区所在的银川平原活动断裂发育，是地震强烈、高发区，见图3-5。自公元876年到2000年共发生4.7级以上强震20次。银川断陷盆地的北中段（永宁以北）除1378年4月30日发生的Ⅶ度地震接近于贺兰山东麓外，余者均集中在该地区的中部，其中Ⅷ度以上的地震有三次。近几十年来银川地区小震屡有发生，不论从强度还是频度看，都是地震活动极为活跃的地带，根据宁夏地震台网记录，从1970年到2006年12月底，银川平原及周边范围内共发生2.5~4.7级的弱震591次。银川地堑是强震活动的主要场所。地堑以东的鄂尔多斯地块没有强震分布，以西的贺兰山中只有1次4.8级地震。

第4章　区域工程地质分区及其特征

　　研究区地处银川平原中部，从西部的贺兰山山前洪积倾斜平原一直到东部的黄河河漫滩，东西长60 km，由西向东沉积相为洪积—冲洪积—冲湖积。从垂直方向上来看，研究区地表100 m以浅，以第四系的上更新统和全新统为主，还涉及了新近系和第四系下更新统和中更新统。可见，研究区是一个较大的区域，其工程地质特征复杂多变。但其工程地质特征因沉积和时代的控制影响，呈现出较好区域规律，与第四系地质地貌分区基本一致。故本次研究的基本思路就是根据地貌类型进行工程地质分区，在工程地质分区中根据地层时代将控制性钻孔汇总分析统计编制综合柱状图对其岩土体特征进行分析研究，试图达到阐明研究区内区域工程地质特征，服务社会各行各业。

4.1　区域工程地质分区

　　根据地貌形态、地质时代和沉积类型进行工程地质分区研究。工程地质分区依据地貌成因及沉积类型划分。工程地质亚区是在工程地质区划分的基础上，根据地貌形态和岩土体成因类型进一步分成若干亚区。工程地质分区分为山前洪积倾斜平原工程地质区（Ⅰ）、冲洪积平原工程地质区（Ⅱ）、冲湖积平原工程地质区（Ⅲ）、风积沙地工程地质区（Ⅳ）4个区。山前洪积倾斜平原工程地质区进一步分为两个亚区，冲洪积平原工程地质区进一步也分为两个亚区，冲湖积平原工程地质区进一步分为四个亚区，见表4-1、图4-1和图4-2。

表 4-1　研究区岩土体类型分区

工程地质分区		工程地质亚区		地质时代	工程地质评价
名称	代号	名称	代号		
山前洪积倾斜平原工程地质区	Ⅰ	洪积平原碎石土工程地质亚区	I_1	$Qp^{3pl}-Qh^{pl}$	良好
		现代洪积扇与沟谷碎石土工程地质亚区	I_2	Qh^{3pl}	较差
冲洪积平原工程地质区	Ⅱ	冲洪积平原含砾砂土工程地质亚区	II_1	Qp^{3-2apl}	好
		扇前洪积洼地含砾砂土夹粉土工程地质亚区	II_2	Qh^{2pl}	较差
冲湖积平原工程地质区	Ⅲ	黄河河漫滩粉细砂黏性土互层工程地质亚区	III_1	Qh^{3al}	差
		黄河一级阶地粉细砂黏性土互层工程地质亚区	III_2	Qh^{2al}	良好
		黄河二级阶地粉细砂黏性土互层工程地质亚区	III_3	Qh^{1al}	好
		低平碱滩地淤泥质软土工程地质亚区	III_4	Qh^{3hl}	差
风积沙地工程地质区	Ⅳ		Ⅳ	Qh^{3eol}	良好

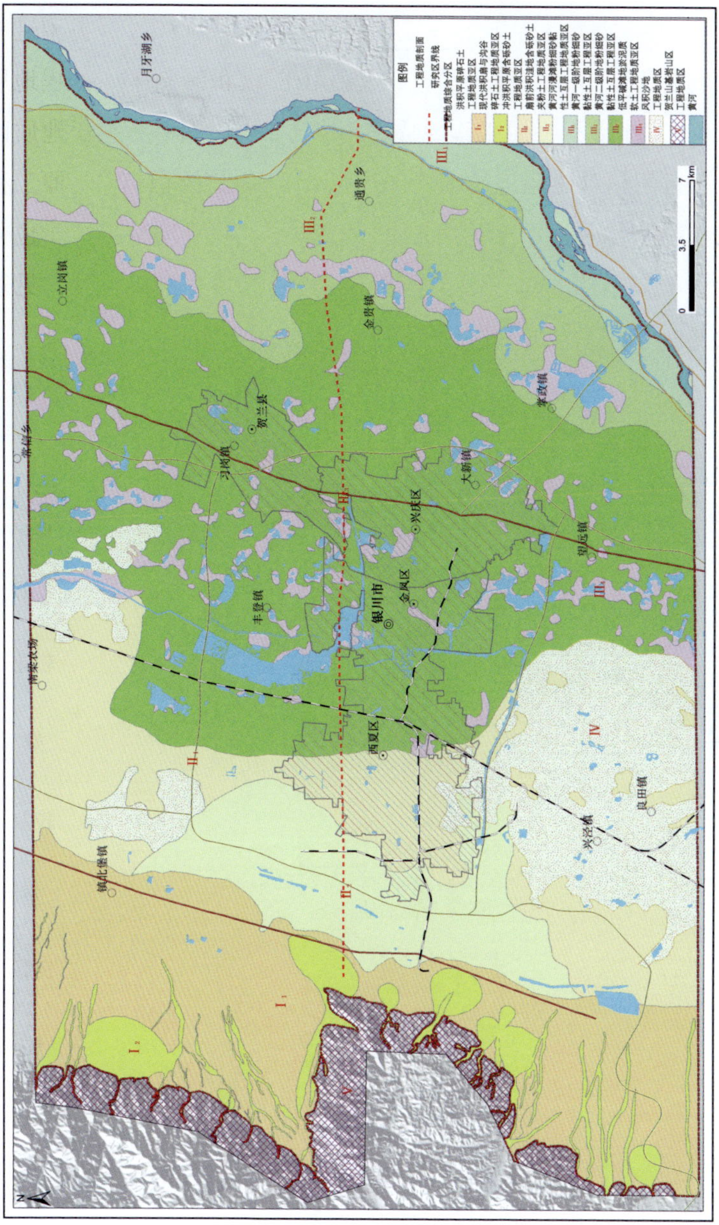

图4-1 研究区工程地质分区图

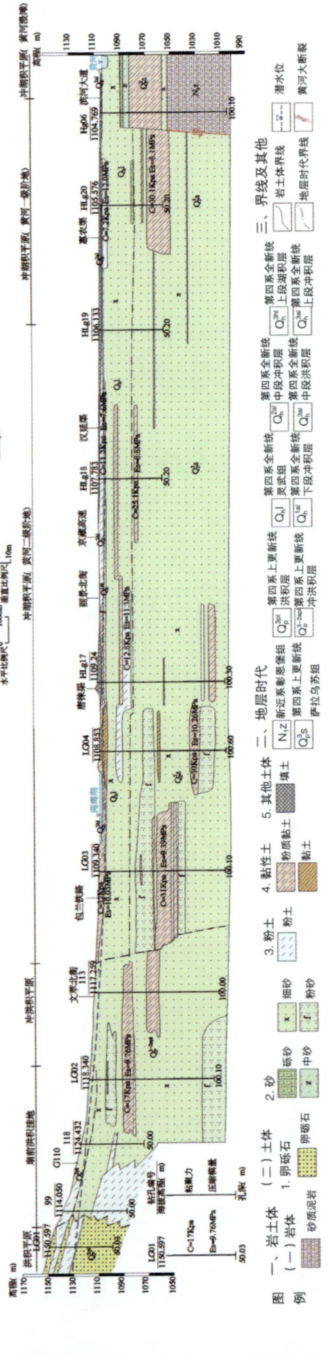

图4-2 研究区工程地质剖面

4.2 区域工程地质分区特征

在区域工程分区的基础上，根据各分区工程地质调查和工程地质控制钻孔的统计汇总分析，编制各分区的工程地质综合柱状图，将其岩土体特征简述如下。

4.2.1 山前洪积倾斜平原工程地质区（Ⅰ）

该区分布在研究区西部的洪积倾斜平原之上，主要在国道110线以西（图4-2）。该区位于贺兰山山前，地形微向东倾斜，坡度1°~3°，泥石流易发，地下水深埋，由西向东地下水位埋深由大于50 m变为几米深。沟谷中堆积第四系全新统洪积层，其余地区堆积第四系上更新统洪积层。该分区工程地质承载力好，建筑材料中各类骨料的资源丰富，但是泥石流灾害发育，也是地下空间开发的不利区域。根据微地貌、堆积物时代和目前洪水的影响程度进一步可分为洪积平原碎石土工程地质亚区（Ⅰ$_1$）和现代洪积扇与沟谷碎石土工程地质亚区（Ⅰ$_2$）。

4.2.1.1 洪积平原碎石土工程地质亚区（Ⅰ$_1$）

该亚区是该分区的主体部分，在研究区西部广泛分布，其上堆积第四系上更新统洪积层，其颗粒自西向东由粗变细，粗粒带为块石、漂砾及砂砾石，砾石成分因地而异，呈次棱角—半椭圆状，分选差，为碎石，厚度60~80 m，是构成洪积倾斜平原的主要土体，工程地质条件良好。根据工程地质钻探，其地表以下50 m的综合柱状图见图4-3，共分为10层土体，各土体特征如下。

时代成因	地层编号	埋深（m）	柱状图	岩土名称及其特征
银川市洪积倾斜平原区工程地质综合柱状图				
Q_h^{pl}	①	0.0~10.2		圆砾：以灰白色为主的杂色，稍湿，中密—密实。颗粒不均匀，分选性差，多呈亚圆状。母岩以灰岩及砂岩为主，充填物多为砂类。颗粒一般粒径为3~8 cm，最大可见粒径为50 cm，大于2 cm的颗粒质量占总质量的70%左右。充填物多为砂类土。2.0~2.40 cm处为粉土薄层，承载力特征值中密f_{ak}=180 kPa，密实f_{ak}=210 kPa。
	②	4.2~9.2		粉土：湿，中密—密实。摇振反应中等，切面无光泽，手捻有轻微砂感，韧性低，干强度较低。含约15%~20%碎石土。承载力特征值f_{ak}=150 kPa，密实f_{ak}=180 kPa。
	③	10.2~12.0		粉质黏土：褐黄色，湿，可塑，手捻有滑感，切面有光泽，韧性中等，干强度较高，承载力特征值180~200 kPa。
	④	9.2~14.6		圆砾：以灰白色为主的杂色，稍湿，密实。颗粒不均匀，分选性差，多呈亚圆状。母岩以灰岩及砂岩为主，充填物多为砂类土。颗粒一般粒径为2~5 cm，最大可见粒径为6 cm，大于2 cm的颗粒质量占总质量的60%左右。承载力特征值250~280 kPa。
	⑤	11.6~22.8		粉土：褐黄色，湿，中密—密实。摇振反应中等，切面无光泽，手捻有轻微砂感，韧性低，干强度较低。含约15%~20%碎石土。承载力特征值f_{ak}=160 kPa，密实f_{ak}=180 kPa。
	⑥	14.5~15.5		黏土：褐黄色，湿，可塑，手捻有滑感，切面有光泽，韧性中等，干强度较高。底部含约10%碎石土。承载力特征值为160~190 kPa。
	⑦	21.0~50.3		圆砾：以灰白色为主的杂色，稍湿，密实。颗粒不均匀，分选性差，多呈亚圆状。母岩以灰岩及砂岩为主。充填物含量为30%~40%。颗粒一般粒径为3~9 cm，大于2 cm的颗粒质量占总质量的70%左右。在45.00~45.40 m之间夹大量粉土，粉土含量约为40%左右。承载力特征值为290~300 kPa。
Q_p^{3pl}	⑧	29.0~30.0		卵石：杂色，以灰白色为主，稍湿，密实，一般粒径40~80 mm，最大100 mm，大于20 mm占60%以上，级配良好，分选性差，磨圆度较好，呈次棱角状，母岩成分主要为砂岩、石英砂岩、灰岩、泥岩，充填物为砂类土、表层含大量植物根系和少量粉土。承载力特征值为320~330 kPa。
	⑨	47.5~48.5		砾砂：杂色，以灰褐色为主，所含砾为棱角状，角砾状，粒径大约2 mm颗粒在50%左右，母岩成分为灰岩、石英砂岩，充填物为细砂，黄褐色。承载力特征值为340~350 kPa。
	⑩	48.5~50.2		卵石：杂色，以灰白色为主，稍湿，密实，母岩成分主要为灰岩、砂岩，一般粒径30~50 mm，最大100 mm，大于20 mm占60%以上，级配良好，分选性差，磨圆度较好，呈次棱角状，充填物为粉质黏土、颜色为灰黑色，局部夹砾砂。承载力特征值为320~330 kPa。

图4-3　洪积倾斜平原工程地质分区工程地质综合柱状图

（1）圆砾

埋深0.0~10.2 m，以灰白色为主的杂色，稍湿，中密—密实。颗粒不均匀，分选性差，多呈亚圆状。母岩以灰岩及砂岩为主，充填物多为砂土。颗粒一般粒径为3~8 cm，最大可见粒径为50 cm，大于2 cm的颗粒质量占总质量的70%左右。充填物多为砂类土。2.0~2.4 m处为粉土薄层。承载力特征值中密 f_{ak}=180 kPa，密实 f_{ak}=210 kPa。

（2）粉土

褐黄色，埋深4.2~9.2 m，湿，中密—密实。摇振反应中等，切面无光泽，手捻有轻微砂感，韧性低，干强度较低。含约15%~20%碎石土。承载力特征值中密 f_{ak}=150 kPa，密实 f_{ak}=180 kPa，其他物理力学参数参见表4–2。

（3）粉质黏土

褐黄色，埋深10.2~12.0 m，湿，可塑，手捻有滑感，切面有光泽，韧性中等，干强度较高。承载力特征值为180~200 kPa，其他物理力学参数参见表4–2。

（4）圆砾

以灰白色为主的杂色，埋深9.2~14.6 m，稍湿，密实。颗粒不均匀，分选性差，多呈亚圆状。母岩以灰岩及砂岩为主，充填物多为砂土。颗粒一般粒径为2~5 cm，最大可见粒径为6 cm，大于2 cm的颗粒质量占总质量的60%左右。承载力特征值为250~280 kPa。

（5）粉土

褐黄色，埋深11.6~22.8 m，湿，中密—密实。摇振反应中等，切面无光泽，手捻有轻微砂感，韧性低，干强度较低。含约

15%~20% 碎石土。承载力特征值中密 f_{ak}=160，密实 f_{ak}=180 kPa，其他物理力学参数参见表4–2。

表 4–2　洪积平原碎石土工程地质亚区主要物理力学参数一览表

土体类型	含水量（%）	密度（g/cm³）	孔隙比	压缩模量 E_{s1-2}（Mpa^{-1}）	黏聚力（kPa）	内摩擦角
	最小值~最大值	最小值~最大值	最小值~最大值	最小值~最大值	最小值~最大值	最小值~最大值
	平均值	平均值	平均值	平均值	平均值	平均值
粉质黏土	19.2~33.6	1.93~2.11	0.563~0.857	7.60~9.95	21~36	13~18
	24.9	2.01	0.695	8.66	28.1	15.4
黏土	24.0~26.5	2.01~2.03	0.701~0.707	8.13~8.26	36~40	16~17
	26.3	2.02	0.704	8.24	39	16.5
粉土	20.3~26.5	1.93~1.99	0.626~0.754	9.90~13.79	8~17	20~22
	23.2	1.95	0.701	12.12	12.3	21.3

（6）黏土

褐黄色，埋深14.5~15.5 m，湿，可塑，手捻有滑感，切面有光泽，韧性中等，干强度较高。底部含约10%碎石土。承载力特征值为160~190 kPa，其他物理力学参数参见表4–2。

（7）圆砾

以灰白色为主的杂色，埋深21.0~50.3 m，稍湿，密实。颗粒不均匀，分选性差，多呈亚圆状。母岩以灰岩及砂岩为主，充填物多以砂类土为主，充填含量30%~40%。颗粒一般粒径为3~9 cm，大于2 cm的颗粒质量占总质量的70%左右。在45.00~45.40 m之间夹大量粉土，粉土含量在40%左右。承载力特征值为290~300kPa。

（8）卵石

杂色，埋深29.0~30.0m，以灰白色为主，稍湿，密实，一般粒径40~80mm，最大100mm，大于20mm占60%以上，级配良好，分选性差，磨圆度较好，呈次棱角状，母岩成分主要为砂岩、石英砂岩、灰岩、泥岩，充填物为砂类土、表层含大量植物根系和少量粉土。承载力特征值为320~330kPa。

（9）砾砂

杂色，埋深47.5~48.5m，以灰褐色为主，所含砾为棱角状、角砾状，粒径大于2mm颗粒在50%左右，母岩成分为灰岩、石英砂岩，充填物为细砂，黄褐色。承载力特征值为340~350kPa。

（10）卵石

杂色，埋深48.5~50.2m，以灰褐色为主，湿，密实，母岩成分以灰岩、砂岩为主，一般粒径30~50mm，最大100mm，大于20mm占60%以上，级配良好，分选性差，磨圆度较好，呈次棱角状，充填物为粉质黏土，颜色为灰黑色。局部夹砾砂。承载力特征值为340~360kPa。

4.2.1.2　现代洪积扇与沟谷碎石土工程地质亚区（I_2）

该亚区分布在研究区西部的现代洪积扇与沟谷中，为暂时性洪流通道，雨季泥石流高发，工程地质条件较差。该亚区堆积第四系全新统洪积层（Q_h^{pl}），主要为碎石土，一般厚度小于5m，颜色以灰白色为主，分选性差，粒径大于20mm占70%以上，磨圆度差，之间填充砂砾，稍密到密实，承载力一般大于300kPa。下部为第四系上更新统洪积层（Q_p^{3pl}）。该亚区实质是I_1亚区的表层受到现代洪水的侵蚀和堆积影响，影响范围一般小于五米，I_2 亚区大部分与 I_1 亚区相同，故其综合柱状图也与 I_1 亚区相同。

4.2.2 冲洪积平原工程地质区（Ⅱ）

该区分布在研究区中西部（图4-1），是银川市西夏区城区主要所在区，地形平坦，微向东倾斜，坡度小于1°，主要堆积第四系上更新统冲洪积物，西部一带上部堆积数米的洪积扇前缘相含砾细砂层，地下水浅埋。该分区地处洪积倾斜平原与冲湖积平原过渡地带，岩性结构复杂多变，工程地质条件较为复杂，总体工程地质条件良好，但在西部扇洪积洼地存在砂土液化不良工程地质问题。根据区内不同地貌形态和地表堆积的不同时代土体又可将该分区进一步分为冲洪积平原含砾砂土工程地质亚区（Ⅱ$_1$）和扇前洪积洼地砂砾石夹黏性土工程地质亚区（Ⅱ$_2$）两个亚区。

4.2.2.1 冲洪积平原含砾砂土工程地质亚区（Ⅱ$_1$）

该亚区是该分区的主要分区，堆积上更新统冲洪积层（Qp^{3-2apl}），岩性以灰色、黄褐色细砂为主夹灰褐、黄褐色砂黏土、黏土，西部靠近洪积倾斜平原有些细砂含砾石，以冲积为主，厚度大于100 m，本次勘查未揭穿。该区土体结构较为密实，承载力良好，无不良工程地质问题，适宜工程建设，工程地质条件较好。由于该亚区与Ⅱ$_2$亚区的主要土体结构一致，只是Ⅱ$_2$亚区上部分布有几米的全新统洪积层，故该亚区的综合柱状可参加见Ⅱ$_2$亚区。

4.2.2.2 扇前洪积洼地砂砾石夹黏性土工程地质亚区（Ⅱ$_2$）

该亚区分布在研究区西南部，西绕城与国道110线之间的区域，呈扇形分布（图4-1）。该亚区上部堆积全新统洪积层（Q_h^{pl}）下部堆积上更新统冲洪积层（Q_p^{3-2apl}），与Ⅱ$_1$亚区相同。该亚区上部堆积的全新统洪积层岩性为砾砂、含砾细砂、含砾黏性土，局部地段含碎石，属洪积扇前缘相沉积，颜色主要为黄褐色，厚度小于5m，结构松散，地下水浅埋，存在砂土液化不良工程地质问题，工程地质条件较差。根据工程地质钻探，其地表以下100m的综合柱状图见图4-4，共分为16层土体，各土体特征如下。

（1）素填土

黄褐色，埋深0.0~0.8m，稍湿，可塑，主要由粉质黏土、粉土组成，表层含植物根系。承载力特征值为80~100kPa。

（2）粉土

黄褐色，埋深0.5~1.6m，湿，稍密。承载力特征值为90~110kPa，其他物理力学参数参见表4-3，该层存在液化现象，液化等级轻微—中等。

（3）细砂

黄褐色，埋深3.0~18.5m，湿，饱和，密实，矿物成分为石英、长石、云母。承载力特征值为150~160kPa。该层存在液化现象，液化等级轻微—中等。

（4）粉质黏土

黄褐—浅灰褐色，埋深20.0~24.3m，饱和，局部夹黏土，粉土薄层，在19.8m以下为灰褐色。承载力特征值为180~210kPa，其他物理力学参数参见表4-3。

（5）细砂

黄褐色，埋深24.0~34.9m，饱和，密实，矿物成分为石英、长石、云母。承载力特征值为200~230kPa。

时代成因	地层编号	埋深（m）	柱状图	岩土名称及其特征
				银川市冲洪积平原区工程地质综合柱状图
Q_h^{pl}	①	0.0~0.8		素填土：黄褐色，稍湿，可塑，主要由粉质黏土、粉土组成，表层含植物根系。承载力特征值为 80~180 kPa。
	②	0.5~1.6		粉土：黄褐色，湿，稍密。承载力特征值为 90~110 kPa，该层为液化土层，液化等级轻微—中等。
	③	3.0~18.5		细砂：黄褐色，湿，饱和，密实，矿物成分为石英、长石、云母。承载力特征值为 150~160 kPa。该层为液化土层，液化等级轻微—中等。
Q_p^{3al+pl}	④	20.0~24.3		粉质黏土：黄褐色—浅灰褐色，饱和，局部夹黏土，粉土薄层，在 19.8 m 以下为灰褐色。承载力特征值为 180~210 kPa。
	⑤	24.0~34.9		细砂：黄褐色，饱和，密实，矿物成分为石英、长石、云母，均匀。承载力特征值为 200~230 kPa。
	⑥	34.0~38.4		粉砂：黄褐色，饱和，密实，矿物成分为石英、长石、云母，局部夹粉土，细砂薄层。承载力特征值为 240~260 kPa。
	⑦	39.0~41.9		细砂：灰黑色，饱和，密实，矿物成分为石英、长石、云母，含腐殖物。承载力特征值为 270~280 kPa。
	⑧	41.0~43.8		粉质黏土：蓝灰色—黄褐色，饱和，硬塑—坚硬，局部夹粉土薄层，刀切面较光滑。承载力特征值为 230 kPa。
	⑨	42.0~45.4		粉砂：黄褐色，饱和，密实，矿物成分为石英、长石、云母，黏性土。承载力特征值为 260 kPa。
	⑩	45.0~52.1		细砂：黄—灰黑色，饱和，密实，矿物成分为石英、长石、云母，在 51.0~52.0 m 段含灰黑色腐殖质。承载力特征值为 270~300 kPa。
	⑪	52.3~53.5		黏土：黄褐色，饱和，坚硬，刀切面光滑。承载力特征值为 250~270 kPa。
	⑫	53.0~54.5		粉砂：深灰褐色，饱和，密实，矿物成分为石英、长石、云母。承载力特征值为 340~360 kPa。
	⑬	55.0~64.7		黏土：灰褐色，饱和，坚硬，刀切面光滑，局部夹粉土薄层，57.0~57.3 m 夹粉土。承载力特征值为 250~270 kPa。
	⑭	64.0~91.0		粉质黏土：黄褐—灰白色，坚硬，刀切面较粗糙，含白色砂团和小砾石，局部夹黏土，粉土薄层，在 88.4~88.8 m 夹粉土薄层。承载力特征值为 290~300 kPa。
	⑮	91.0~92.5		粉土：黄褐色，饱和，密实，矿物成分为石英、长石、云母，黏性土，局部夹粉砂薄层。承载力特征值为 310~320 kPa。
	⑯	92.0~101		粉质黏土：黄褐—灰白色，坚硬，刀切面较粗糙，含白色砂团和小砾石，局部夹粉砂，粉土薄层。承载力特征值为 340~360 kPa。

图4-4 冲洪积平原工程地质分区工程地质综合柱状图

（6）粉砂

黄褐色，埋深34.0~38.4m，饱和，密实，矿物成分为石英、长石、云母，局部夹粉土，细砂薄层。承载力特征值为240~260kPa。

（7）细砂

灰黑色，饱和，埋深39.0~41.9m，密实，矿物成分为石英、长石、云母，含腐殖物。承载力特征值为270~280kPa。

（8）粉质黏土

蓝灰色—黄褐色，埋深41.0~43.8m，饱和，硬塑—坚硬，局部夹粉土薄层，刀切面较光滑。承载力特征值为230kPa，其他物理力学参数参见表4-3。

（9）粉土

黄褐色，埋深42.0~45.4m，饱和，密实，矿物成分为石英、长石、云母，黏性土。承载力特征值为260kPa，其他物理力学参数参见表4-3。

（10）细砂

黄—灰褐色，埋深45.0~52.1m，饱和，密实，矿物成分为石英、长石、云母，在51.0~52.0m段含灰黑色腐殖质。承载力特征值为270~300kPa。

（11）黏土

黄褐色，埋深52.3~53.5m，饱和，坚硬，刀切面光滑。承载力特征值为250~270kPa。

（12）粉砂

深灰褐色，埋深53.0~54.5m，饱和，密实，矿物成分为石英、长石、云母。承载力特征值为340~360kPa。

（13）黏土

灰褐色，埋深55.0~64.7 m，饱和，坚硬，刀切面光滑，局部夹粉土薄层，57.0~57.3 m夹粉土。承载力特征值为280~290 kPa，其他物理力学参数参见表4-3。

表4-3　冲洪积平原工程地质分区主要物理力学参数一览表

土体类型	含水量（%）	密度（g/cm³）	孔隙比	压缩模量 Es_{1-2}（Mpa⁻¹）	黏聚力（kPa）	内摩擦角
	最小值~最大值	最小值~最大值	最小值~最大值	最小值~最大值	最小值~最大值	最小值~最大值
	平均值	平均值	平均值	平均值	平均值	平均值
粉质黏土	19.2~33.6	1.93~2.11	0.563~0.857	7.60~9.95	21~36	13~18
	24.9	2.01	0.695	8.66	28.1	15.4
黏土	24.0~26.5	2.01~2.03	0.701~0.707	8.13~8.26	36~40	16~17
	26.3	2.02	0.704	8.24	39	16.5
粉土	20.3~26.5	1.93~1.99	0.626~0.754	9.90~13.79	8~17	20~22
	23.2	1.95	0.701	12.12	12.3	21.3

（14）粉质黏土

黄褐—灰白色，埋深64.0~91.0 m，坚硬，刀切面较粗糙，含白色砂团和小砾石，局部夹黏土，粉土薄层，在88.4~88.8 m夹粉土薄层。承载力特征值为290~300 kPa，其他物理力学参数参见表4-3。

（15）粉土

黄褐色，饱和，密实，埋深91.0~92.5 m，矿物成分为石英、长石、云母，黏性土，局部夹粉砂薄层。承载力特征值为310~320 kPa，其他物理力学参数参见表4-3。

（16）粉质黏土

黄褐—灰白色，坚硬，埋深92.0~101 m，刀切面粗糙，含白色砂团和小砾石，局部夹粉砂，粉土薄层。承载力特征值为340~360 kPa，其他物理力学参数参见表4-3。

4.2.3　冲湖积平原工程地质区（Ⅲ）

该区分布在研究区的中东部，主要包括银川市金凤区、兴庆区和贺兰县城区。该分区地形平坦，地势开阔，地形坡度小于1°，地表大部分区域堆积第四系灵武组粉细砂与黏性土，下伏上更新统萨拉乌组（Q_p^3s）。地下水埋深较浅，湖泊、鱼塘零散分布。该工程地质区上的工程地质钻孔分布密度很高，工程建设强度很大，是银川市主要的城市建设区域，也是砂土液化工程地质问题最严重的区域和本次研究的主要区域。根据地貌形态和地层时代，该工程地质区又可分为以下四个工程地质亚区。

4.2.3.1　黄河河漫滩粉细砂黏性土互层工程地质亚区（Ⅲ₁）

该亚区分布在黄河西岸，地势低平，呈条带状分布，海拔高程1107~1109 m。该区上部覆盖第四系全新统上段冲积层（Q_h^{3al}），岩性为黄褐、棕褐色细砂、黏土质砂夹褐灰色卵砾石、含砂卵砾石层，细砂为棕褐色—黄褐色，松散—稍密，湿—饱和。该层厚5~20 m不等。该区在洪水期间易被淹没，现主要为荒草地，局部被开垦为农田。该区域为砂土液化区，且液化程度主要以严重液化为主。总体评价该区工程地质条件差。根据工程地质钻探，其地表以下100 m的综合柱状图见图4-5，共分为20层土体，各土体特征如下。

银川市河漫滩区工程地质综合柱状图

时代成因	地层编号	埋深（m）	柱状图	岩土名称及其特征
Q_h^{3al}	①	0.0~1.8		填土：黄褐色为主，青灰色次之，主要成分以粉砂、粉质黏土为主，含少量根植，堆积时间小于 10 年。承载力特征值为 90~100 kPa。
	②	0.6~16.5		
	③	1.8~17.8		粉砂：黄褐色，稍湿~湿，松散~稍密。主要成分为石英、长石，分选性好，承载力特征值为 120~130 kPa。液化等级中等~严重。
	④	12.4~15.3		
	⑤	15.3~17.4		细砂：青灰色，饱和，松散~稍密，矿物成分为石英及长石为主，多云母等暗色矿物。承载力特征值为 150~160 kPa。液化等级中等~严重。
	⑥	17.8~20.0		圆砾：灰褐色，饱和，密实，一般粒径 3~5 mm，最大可见 60 mm，级配较好，磨圆度较好，母岩为石英、砂岩、灰岩，充填物为砂类。承载力特征值为 200~210 kPa。
	⑦	11.4~23.7		
	⑧	15.3~36.8		细砂：饱和，密实，主要成分为石英、长石为主，分选性较好，较均匀。承载力特征值为 230~240 kPa。
	⑨	20.0~33.8		粉土：摇震反应中等，饱和，岩芯呈短柱状或碎块状。承载力特征值为 180~190 kPa。
	⑩	29.0~30.0		粉质黏土：岩芯呈短柱状或碎块状，硬塑，刀切面光泽感弱。承载力特征值为 200~210 kPa。
Q_p^{3al}	⑪	22.4~32.4		细砂：黄褐色，饱和，主要成分为石英、长石为主，分选性较好，较均匀。承载力特征值为 250~260 kPa。
	⑫	26.1~42.0		
	⑬	38.7~39.8		圆砾：灰褐色，饱和，密实，一般粒径 3~5mm，最大可见 60mm，级配较好，磨圆度较好，母岩为石英、砂岩、灰岩，充填物为砂类。承载力特征值为 300~310 kPa。
	⑭	39.8~44.1		
	⑮	45.2~50.2		卵石：杂色，以灰褐色为主，大于 20 mm 占总体的 60%，主要成分为灰岩为主，最大粒径 80 mm，偶见漂石，充填物以粉土、粉质黏土为主。可见钙质胶结。承载力特征值为 300~340 kPa。
N	⑯	36.8~94.8		粉质黏土：黄褐色，硬塑，刀切面光滑。承载力特征值为 290~300 kPa。
				细砂：灰褐色，饱和，密实，主要矿物成分为石英、长石，较均匀。承载力特征值为 350~360 kPa。
				粉质黏土：黄褐色，硬塑，刀切面光滑。承载力特征值为 290~300 kPa。
				细砂：灰褐色，饱和，密实，主要矿物成分为石英、长石，较均匀。承载力特征值为 350~360 kPa。
				粉质黏土：黄褐色，硬塑，刀切面光滑。承载力特征值为 310~320 kPa。
				泥岩：杂色及棕红色互层，泥质胶结，中厚层状构造。岩芯遇水软化，用手可掰断。8.40~22.20 m 以青灰色及灰褐色为主的杂色，其下多为棕红色局部夹杂色泥岩。如 64.20~67.00 m 之间、69.50~73.50 m 之间为杂色，以青灰色为主，局部可见薄层石膏。此外在 81.00 m 以下多夹薄层泥质砂岩，厚度在 20~40 cm 之间不等，与泥岩形成互层。承载力特征值为 450~460 kPa。
	⑰	39.8~100.0		砂质泥岩：红褐色，岩芯呈柱状，柱长一般为 30~60 cm，最大柱长 80 cm，强风化，锤可击碎。承载力特征值为 460~470 kPa。
	⑱	44.5~46.0		砂岩：黄褐色，无胶结，成岩性差，松散状。承载力特征值为 470~480 kPa。
	⑲	94.8~96.4		泥质砂岩：黄褐色，全风化，岩层结构全破坏，未见黏结强度，岩芯多呈粉砂状态，手捻有砂感。承载力特征值为 480~490 kPa。
	⑳	96.4~100.6		泥岩：棕红色，泥质胶结，中厚层状构造。岩芯遇水软化，用手可掰断。承载力特征值为 500~530 kPa。

图4-5 黄河河漫滩工程地质亚区工程地质综合柱状图

（1）填土

黄褐色为主，青灰色次之，埋深0.0~1.8 m，主要成分以粉砂、粉质黏土为主，含少量植根，堆积时间小于10年。承载力特征值为90~100 kPa。

（2）粉砂

黄褐色，埋深0.6~16.5 m，稍湿—湿，松散—稍密，主要成分为石英、长石，分选性好，承载力特征值为120~130 kPa，该层为液化土层，液化等级中等—严重。

（3）细砂

青灰色，埋深1.8~17.8 m，饱和，松散—密实。矿物成分以石英及长石为主，含云母等暗色矿物。承载力特征值为150~160 kPa，该层为液化土层，液化等级中等—严重。

（4）圆砾

灰褐色，埋深12.4~15.3 m，饱和，密实，一般粒径3~5 mm，最大可见60 mm，级配较好，磨圆度较好，母岩为石英、砂岩、灰岩，充填物为砂类。承载力特征值为200~210 kPa。

（5）细砂

饱和，埋深15.3~17.4 m，密实，主要成分以石英、长石为主，分选性较好，较均匀。承载力特征值为230~240 kPa。

（6）粉土

灰褐色，埋深17.8~20.0 m，摇震反应中等，饱和，岩芯呈短柱状或碎块状。承载力特征值为180~190 kPa，其他物理力学参数参见表4-4。

（7）粉质黏土

灰褐色，埋深11.4~23.7 m，岩芯呈短柱状或碎块状，硬塑，刀切面光泽感弱。承载力特征值为200~210 kPa，其他物理力学参数参见表4-4。

表 4-4　黄河河漫滩工程地质亚区全新统冲积层各土体
主要物理力学参数一览表

土体类型	含水量（%）最小值~最大值 平均值	密度（g/cm³）最小值~最大值 平均值	孔隙比最小值~最大值 平均值	压缩模量 E_{s1-2}（Mpa⁻¹）最小值~最大值 平均值	黏聚力（kPa）最小值~最大值 平均值	内摩擦角最小值~最大值 平均值
粉土	19.2~33.6	1.69~2.10	0.574~0.866	7.59~10.23	25~39	15~19
	24.5	1.98	0.734	9.66	31	17.3
粉质黏土	23.0~28.9	1.99~2.01	0.698~0.707	9.13~9.23	37~41	17~19
	27.5	2.00	0.699	9.19	38	18.5

（8）细砂

灰褐色，埋深15.3~36.8 m，饱和，密实，主要成分以石英、长石为主，分选性较好，较均匀。承载力特征值为250~260 kPa。

（9）圆砾

灰褐色，埋深20.0~33.8 m，饱和，密实，一般粒径3~5 mm，最大可见60 mm，级配较好，磨圆度较好，母岩为石英、砂岩、灰岩，充填物为砂类。承载力特征值为300~310 kPa。

（10）卵石

杂色，埋深29.0~30.0 m，以灰褐色为主，大于20 mm占总体的60%，主要成分以灰岩为主，最大粒径80 mm，偶见漂石，充填物以粉土、粉质黏土为主，可见钙质胶结。承载力特征值为330~340 kPa。

（11）粉质黏土

黄褐色，埋深22.4~32.4 m，硬塑，刀切面光滑。承载力特征值为290~300 kPa，其他物理力学参数参见表4-4。

（12）细砂

灰褐色，埋深26.1~42.0 m，饱和，密实，矿物成分以石英、长石为主，较均匀。承载力特征值为350~360 kPa。

（13）粉质黏土

黄褐色，埋深38.7~39.8 m，硬塑，刀切面光滑。承载力特征值为290~300 kPa。

（14）细砂

灰褐色，埋深39.8~44.1 m，饱和，密实，矿物成分以石英、长石为主，较均匀。承载力特征值为350~360 kPa。

（15）粉质黏土

黄褐色，埋深45.2~50.2 m，硬塑，刀切面光滑。承载力特征值为310~320 kPa。

（16）泥岩

杂色及棕红色互层，埋深36.8~94.8 m，泥质胶结，中厚层状构造。岩芯遇水软化，用手可掰断。8.40~22.20 m以青灰色及灰褐色为主的杂色，其下多为棕红色局部夹杂色泥岩。如64.20~67.00 m之间、69.50~73.50 m 之间为杂色，以青灰色为主，局部可见薄层石膏。此外在81.00 m 以下多夹薄层泥质砂岩（厚度在20~40 cm 之间不等），与泥岩形成互层。承载力特征值为450~460 kPa。

（17）砂质泥岩

红褐色，埋深39.8~100.0 m，岩芯呈柱状，柱长多为30~60 cm，最大柱长80 cm，强风化，锤可击碎。承载力特征值为460~470 kPa。

（18）砂岩

黄褐色，埋深44.5~46.0 m，无胶结，岩性差，松散状。承载力特征值为470~480 kPa。

（19）泥质砂岩

黄褐色，埋深94.8~96.4 m，全风化，岩层结构完全破坏，未见黏结强度，岩芯多呈粉砂状态，手捻有砂感。承载力特征值为480~490 kPa。

（20）泥岩

棕红色，埋深96.4~100.6 m，泥质胶结，中厚层状构造。岩芯遇水软化，用手可掰断。承载力特征值为500~530 kPa。

4.2.3.2　黄河一级阶地粉细砂黏性土互层工程地质亚区（Ⅲ₂）

该亚区分布在黄河西岸，沿黄河呈南北向分布，地形平坦，地势开阔，整体西南向北东倾斜，海拔高程1102~1112 m，阶地前缘陡坎多被农田移平，局部残留陡坎高1~1.5 m。现多为农田区和村镇区，是人类重要的生产和生活区。该区上部覆盖第四系全新统中段冲积层（Q_h^{2al}）和全新统灵武组，为河湖相沉积，灰褐色—黄褐色，岩性为上部黏性土下部粉细砂的二元结构，厚度16 m 左右，细砂为黄褐色—灰褐色，稍湿—饱和，稍密—中密；该区下部为上更新统萨拉乌组（Q_p^3s），河湖相沉积，为一套中厚层、粉细砂与薄层砂黏土互层：细砂为灰褐色—灰黑色，湿—饱和，中密—密实。黏性土层主要以粉质黏土、粉土为主，灰褐色—灰黑色，岩芯呈碎块状或短柱状，软塑—硬塑。该区存在砂土液化，以中等液化为主，总体评价该区工程地质条件中等。根据工程地质钻探，其地表以下100 m的综合柱状图见图4-6，共分为14层土体，各土体特征如下。

（1）素填土

黄褐色，埋深0.0~4.3 m，稍湿，松散。成分以粉砂，粉质黏土为主。土质不均匀，含植物根茎，局部含少量砾石。堆积时间小于10年。该土层承载力特征值为50~90 kPa。

（2）粉砂

15 m以上为黄褐色，埋深1.2~15.8 m，其下为青灰色，稍湿—饱和。8 m以上为中密，8~15 m为密实，15 m以下为中密。矿物成分以石英及长石为主，含云母等暗色矿物。该土层承载力特征值为120~150 kPa，该层为液化土层，液化等级轻微—中等。

（3）细砂

7.2 m以上为黄褐色，埋深4.3~20.0 m，其下为青灰色，湿—饱和，4 m以上为松散状态，其下为稍密—中密。矿物成分以石英及长石为主，含云母等暗色矿物。11.3~11.5 m处夹少量卵砾石，含量约30%，上层夹粉砂，下层夹中砂。该土层承载力特征值为160~190 kPa，该层为液化土层，液化等级轻微—中等。

（4）砾砂

灰褐色，埋深15.5~17.8 m，饱和中密，矿物成分以石英及长石

银川市黄河一级阶地粉细砂黏性土互层工程地质综合柱状图				
时代成因	地层编号	埋深（m）	柱状图	岩土名称及其特征
Q_h^1	①	0.0~4.3		素填土：黄褐色，稍湿，松散。成分以粉砂，粉质黏土为主，土质不均匀，含植物根茎，局部含少量砂石。堆积时间小于10年。该土层承载力特征值为50~90 kPa。
	②	1.2~15.8		粉砂：15 m以上为黄褐色，其下为青灰色，稍湿—饱和。8 m以上为中密，8~15 m为密实，15 m以下为中密，矿物成分以石英及长石为主，含云母等暗色矿物。该土层承载力特征值为120~150 kPa。液化等级微—中等。
	③	4.3~20.0		细砂：7.2 m以上为黄褐色，其下为青灰色，湿—饱和。4 m以上为松散状态，其下为稍密—中密，矿物成分以石英及长石为主，含云母等暗色矿物。11.3~11.5 m处夹少量卵砾石，含量约30%，上层夹粉砂，下层夹中砂。该土层承载力特征值为160~190 kPa。液化等级轻微—中等。
	④	15.5~17.8		
	⑤	17.8~22.4		砾砂：灰褐色，饱和中密，矿物成分以石英及长石为主，含云母等暗色矿物。该土层承载力特征值为200~210 kPa。
	⑥	20.0~23.6		
Q_p^{3al}	⑦	22.3~48.4		中砂：黄褐色，饱和，密实。矿物成分以石英及长石为主，含云母等暗色矿物。该土层承载力特征值为250~260 kPa。
				黏土：灰褐色，可塑，手捻有滑感，切面光滑有光泽，干强度高，韧性高。该土层承载力特征值为210~230 kPa。
				粉质黏土：红褐色，硬塑，切面有光泽，韧性较高，干强度高，手捻有滑腻感。该土层承载力特征值为250~270 kPa。
	⑧	23.0~43.3		细砂：黄褐色，饱和，密实。矿物成分以石英及长石为主，含云母等暗色矿物。承载力特征值为310~320 kPa。
	⑨	43.4~43.9		卵石：杂色，饱和，密实分选性差，多呈亚圆状态，母岩以砂岩及灰岩为主，充填细砂。承载力特征值为330~340 kPa。
	⑩	43.0~57.6		粉砂：黄褐色，饱和，密实，矿物成分以石英及长石为主，含云母等暗色矿物。在49.8~50.0 m之间充填少量砾石。承载力特征值为340~350 kPa。
	⑪	48.2~52.7		
	⑫	57.6~60.8		细砂：黄褐色，矿物成分以石英及长石为主，含云母等暗色矿物，下部夹中砂。承载力特征值为290~300 kPa。
				黏土：红褐色，硬塑，手捻有滑感，切面光滑有光泽，干强度高，韧性高。承载力特征值为270~290 kPa。
	⑬	60.8~100.3		粉砂：灰褐色为主，但80.0~82.0 m之间为黄褐色，饱和，密实。矿物成分以石英及长石为主，含云母等暗色矿物。顶部含20 cm左右粉砂。承载力特征值为350~360 kPa。
	⑭	52.7~100.1		砂质泥岩：棕红色，巨厚层状结构，泥质胶结。上部岩芯浸水后手可捏碎，手捻有轻微砂感。其下岩芯用手可掰断。承载力特征值为490~500 kPa。

图4-6　黄河一级阶地工程地质亚区工程地质综合柱状图

为主，含云母等暗色矿物。该土层承载力特征值为200~210kPa。

（5）中砂

黄褐色，埋深17.8~22.4m，饱和，密实。矿物成分以石英及长石为主，含云母等暗色矿物。该土层承载力特征值为250~260kPa。

（6）黏土

灰褐色，埋深20.0~23.6m，可塑，手捻有滑感，切面光滑有光泽，干强度高，韧性高。该土层承载力特征值为210~230kPa，其他物理力学参数参见表4-5。

（7）粉质黏土

红褐色，埋深22.3~48.4m，硬塑，切面有光泽，韧性较高，干强度高，手捻有滑腻感。该土层承载力特征值为250~270kPa，其他物理力学参数参见表4-5。

（8）细砂

黄褐色，埋深23.0~43.3m，饱和，密实。矿物成分以石英及长石为主，含云母等暗色矿物。承载力特征值为310~320kPa。

（9）卵石

杂色，埋深43.4~43.9m，饱和，密实分选性差，多呈亚圆状态，母岩以砂岩及灰岩为主。充填细砂。承载力特征值为330~340kPa。

（10）粉砂

黄褐色，埋深43.0~57.6m，饱和，密实。矿物成分以石英及长石为主，含云母等暗色矿物。在49.8~50.0m之间充填少量砾石。承载力特征值为340~350kPa。

（11）细砂

黄褐色，埋深48.2~52.7m，矿物成分以石英及长石为主，含云母等暗色矿物,下部夹中砂。承载力特征值为340~350 kPa。

(12)黏土

红褐色,埋深57.6~60.8 m,硬塑,手捻有滑感,切面光滑有光泽,干强度高,韧性高。承载力特征值为270~290 kPa,其他物理力学参数参见表4-5。

表 4-5 黄河一级阶地粉细砂黏性土互层工程地质亚区不同深度各土体物理力学参数一览表

埋深（m）	土体种类	含水量（%）	密度（g/cm³）	压缩模量 Es$_{1-2}$（Mpa^{-1}）	黏聚力（kPa）	内摩擦角
		最小值~最大值	最小值~最大值	最小值~最大值	最小值~最大值	最小值~最大值
		平均值	平均值	平均值	平均值	平均值
0~20	粉土	12.33~18.79	1.98~2.22	10.35~13.51	9~11	22~25
		14.1	2.04	9.88	7.89	24
	粉质黏土	13.6~20.8	1.94~2.24	9.78~14.37	6~21	19~23
		18.89	2.01	12.91	12.1	21.5
>20	黏土	13.6~21.7	1.94~2.17	11.68~14.37	9~22	18~24
		17.87	2.09	11.33	12.33	21.5
	粉质黏土	15.6~23.8	1.99~2.17	11.33~15.37	8~19	18~21
		18.87	2.09	11.80	13.1	19.6

(13)粉砂

灰褐色为主,埋深60.8~100.3 m(但80~82.0 m之间为黄褐色),饱和,密实。矿物成分以石英及长石为主,含云母等暗色矿物。顶部含20 cm左右粉砂。承载力特征值为350~360 kPa。

（14）砂质泥岩

棕红色，埋深52.7~100.1 m，巨厚层状结构，泥质胶结。上部岩芯浸水后手可捏碎，手捻有轻微砂感。其下岩芯用手可掰断。承载力特征值为490~500 kPa。

4.2.3.3 黄河二级阶地黏性土工程地质亚区（$Ⅲ_3$）

分布在研究区中部的银川市金凤区和兴庆区，是研究区主要的工程地质区，是研究区面积最大的工程地质区，也是银川市最主要的城市建设区，该区工程地质钻孔分布密度很高，研究程度也很高，是本次研究的重点。该区地形平坦，地势开阔，海拔高程1102~1116 m，地形上整体西南高、北东低，地形较一级阶地明显高。该区上部覆盖第四系全新统灵武组（$Q_h l$）粉细砂与黏性土层，厚度约16 m，细砂为黄褐色—灰褐色，稍湿—饱和，稍密—中密；下部地层为第四系上更新统萨拉乌苏组（$Qp_3^3 s$）。该区大部分地区不存在砂土液化问题，局部存在轻微沙土液化，工程地质条件总体评价好。根据工程地质钻探，地表以下100 m的综合柱状图见图4-7，共分为22层土体，各土体特征如下。

（1）杂填土

浅褐灰色，埋深0.0~2.5 m，干，松散。主要成分为中细砂，次为砖块、砾石及碎石，结构松散，土质不均匀，表部植物根系发育。堆积时间小于十年。承载力特征值为70~90 kPa。

（2）素填土

黄褐色，埋深1.6~2.8 m，湿，稍密，主要由粉土、粉砂组成。承载力特征值为90~100 kPa。

银川市黄河二级阶地粉细砂黏性土互层工程地质亚区工程地质综合柱状图

时代成因	地层编号	埋深（m）	柱状图	岩土名称及其特征
Q₄ᵃˡ	①	0.0~2.5		杂填土：浅褐灰色，干，松散。主要成分为中细砂，次为砖块、砾石及碎石，结构松散，土质不均匀，表部植物根系发育。堆积时间小于10年。承载力特征值为70~90 kPa。
	②	1.6~2.8		素填土：黄褐色，湿，稍密。主要由粉土、粉砂组成。承载力特征值为90~100 kPa。
	③	2.6~4.6		粉土：浅灰色，湿~饱和，中密。摇振反应中等，土质均匀。轻微液化，承载力特征值为110~130 kPa。
	④	5.0~7.2		粉质黏土：黄褐色，湿，硬塑，手捻有砂感，切面有光泽，无摇振反应，韧性中等，干强度较高。承载力特征值为130~150 kPa。
	⑤	7.0~8.0		
	⑥	8.0~11.0		粉土：灰褐色，密实，干强度较低，局部夹粉质黏土薄层。轻微液化，承载力特征值为160~170 kPa。
	⑦	11.0~14.8		粉质黏土：褐黄色~褐红色，湿，硬塑，手捻有滑感，切面有光泽，韧性高，干强度高，土质均匀。承载力特征值为170~180 kPa。
	⑧	14.0~17.8		粉砂：黄褐色，饱和，中密~密实，矿物成分为石英、长石，含云母等暗色矿物，无摇振反应，土质均匀，局部见粉黏土及粉土透镜体。轻微液化，承载力特征值为240~250 kPa。
	⑨	15.0~31.7		粉土：灰褐色，饱和，密实，干强度较低，局部夹粉质黏土薄层。承载力特征值为200~220 kPa。
	⑩	29.5~31.7		粉砂：灰色~浅灰色，饱和，密实，成分为石英、长石等，次为云母等暗色矿物，局部粉黏土及粉土透镜体。承载力特征值为260~270 kPa。
Q₃ᵃˡ	⑪	30.0~49.0		粉质黏土：灰褐色，湿，岩芯呈短柱状或碎块状，软塑~可塑，刀切面有光泽，干强度高，韧性高。承载力特征值为280~300 kPa。
				细砂：灰褐色，饱和，密实，成分以石英、长石为主，分选性一般，较均匀。承载力特征值为280~300 kPa。
	⑫	48.0~49.5		粉土：灰褐色，饱和，密实。干强度较低，局部夹粉质黏土薄层。承载力特征值为300~310 kPa。
	⑬	49.0~50.0		粉质黏土：灰色~浅灰色，饱和，密实。主要矿物成分为石英、长石等，次为云母等暗色矿物，局部见粉黏土及粉土透镜体。承载力特征值为250~270 kPa。
	⑭	49.0~52.0		
	⑮	50.0~53.0		细砂：饱和，密实，成分以石英、长石为主，分选性一般，较均匀。承载力特征值为290~310 kPa。
	⑯	53.0~54.0		粉土：灰褐色，饱和，密实，干强度较低，局部夹粉质黏土薄层。承载力特征值为310~320 kPa。
	⑰	50.0~84.0		粉质黏土：褐色，湿，岩芯呈短柱状或碎块状，软塑~可塑，刀切面有光泽，干强度高，韧性高。承载力特征值为300~320 kPa。
				细砂：棕褐色，饱和，密实，成分以石英、长石为主，分选性一般，较均匀。承载力特征值为460~470 kPa。
	⑱	83.0~88.5		粉质黏土：灰褐色，岩芯呈短柱状或碎块状，硬塑，刀切面光泽感弱。承载力特征值为310~320 kPa。
	⑲	84.0~89.0		粉土：灰褐色，饱和，密实，干强度较低，局部夹粉质黏土薄层。承载力特征值为290~310 kPa。
	⑳	89.0~91.0		
	㉑	90.0~91.7		细砂：灰褐色，饱和，密实，主要成分以石英、长石为主，分选性一般，较均匀。承载力特征值为330~340 kPa。
	㉒	90.0~100.2		粉质黏土：灰褐色，岩芯呈短柱状或碎块状，硬塑，刀切面光泽感弱。承载力特征值为300~310 kPa。
				细砂：灰褐色，饱和，密实，成分以石英、长石为主，分选性一般，较均匀。承载力特征值为350~360 kPa。

图4-7　黄河二级阶地工程地质亚区工程地质综合柱状图

（3）粉土

浅灰色，埋深2.6~4.6 m，湿—饱和，中密。摇振反应中等，土质均匀。承载力特征值为110~130 kPa，轻微液化，其他物理力学参数参见表4-6。

（4）粉质黏土

黄褐色，埋深5.0~7.2 m，湿，硬塑，手捻有砂感，切面有光泽，无摇振反应，韧性中等，干强度较高。承载力特征值为130~150 kPa，其他物理力学参数参见表4-6。

表 4-6　黄河二级阶地粉细砂黏性土互层工程地质亚区不同
深度粉土物理力学参数一览表

埋深（m）	土体种类	含水量（%）	密度（g/cm³）	压缩模量 Es_{1-2}（Mpa⁻¹）	黏聚力（kPa）	内摩擦角
		最小值~最大值	最小值~最大值	最小值~最大值	最小值~最大值	最小值~最大值
		平均值	平均值	平均值	平均值	平均值
0~20	粉土	9.33~18.79	1.97~2.29	11.35~13.51	9~11	21.5~25
		14.1	2.13	9.88	7.88	21.9
	粉质黏土	11.7~21.7	1.89~2.15	9.21~14.39	8~22	19~22
		18.32	2.09	11.66	12.5	20.5
>20	粉土	14.5~22.6	1.88~2.24	11.33~14.37	6~19	19~23
		17.33	2.12	12.39	13.1	21.5
	粉质黏土	14.49~26.8	1.99~2.19	12.68~14.37	7~19	18~22
		19.88	2.09	12.89	13.1	21.7

（5）粉土

灰褐色，埋深7.0~8.0 m，饱和，密实，干强度较低，局部夹粉质黏土薄层。轻微液化，承载力特征值为160~170 kPa，其他物理力学参数参见表4-6。

（6）粉质黏土

褐黄色—褐红色，埋深8.0~11.0 m，湿，硬塑，手捻有滑感，切面有光泽，韧性高，干强度高，土质均匀。承载力特征值为170~180 kPa，其他物理力学参数参见表4-6。

（7）粉砂

黄褐色，埋深11.0~14.8 m，饱和，中密—密实，矿物成分为石英、长石，含云母等暗色矿物，无摇振反应，土质均匀，局部见粉黏土及粉土透镜体。承载力特征值为240~250 kPa，轻微液化。

（8）粉土

灰褐色，埋深14.0~17.8 m，饱和，密实，干强度较低，局部夹粉质黏土薄层。承载力特征值为200~220 kPa，其他物理力学参数参见表4-6。

（9）粉砂

灰色—浅灰色，埋深15.0~31.7 m，饱和，密实。主要矿物成分为石英、长石等，其次为云母等暗色矿物，局部见粉黏土及粉土透镜体。承载力特征值为260~270 kPa。

（10）粉质黏土

灰褐色，埋深29.5~31.7 m，湿，岩芯呈短柱状或碎块状，软塑—可塑，刀切面有光泽，干强度高，韧性高。承载力特征值为280~300 kPa，其他物理力学参数参见表4-6。

（11）细砂

灰褐色，埋深30.0~49.0 m，饱和，密实，主要成分以石英、长石为主，分选性一般，较均匀。承载力特征值为280~300 kPa。

（12）粉土

灰褐色，埋深48.0~49.5 m，饱和，密实，干强度较低，局部夹粉质黏土薄层。承载力特征值为300~310 kPa，其他物理力学参数参见表4-6。

（13）粉质黏土

灰色—浅灰色，埋深49.0~50.0 m，饱和，密实。主要矿物成分为石英、长石等，次为云母等暗色矿物，局部见粉黏土及粉土透镜体，承载力特征值为250~270 kPa，其他物理力学参数参见表4-6。

（14）细砂

灰褐色，埋深49.0~52.0 m，饱和，密实，主要成分以石英、长石为主，分选性一般，较均匀。承载力特征值为290~310 kPa。

（15）粉土

灰褐色，埋深50.0~53.0 m，饱和，密实，干强度较低，局部夹粉质黏土薄层。承载力特征值为280~300 kPa，其他物理力学参数参见表4-6。

（16）粉质黏土

褐色，埋深53.0~54.0 m，湿，岩芯呈短柱状或碎块状，软塑—可塑，刀切面有光泽，干强度高，韧性高，承载力特征值为300~320 kPa，其他物理力学参数参见表4-6。

（17）细砂

棕褐色，埋深50.0~84.8 m，饱和，密实，主要成分以石英、长石为主，分选性一般，较均匀，承载力特征值为280~300 kPa。

（18）粉质黏土

灰褐色，埋深83.0~88.5 m，岩芯呈短柱状或碎块状，硬塑，刀切面光泽感弱，承载力特征值为310~320 kPa，其他物理力学参数参见表4-6。

（19）粉土

灰褐色，埋深84.0~89.0 m，饱和，密实，干强度较低，局部夹粉质黏土薄层。承载力特征值为290~310 kPa，其他物理力学参数参见表4-6。

（20）细砂

灰褐色，埋深89.0~91.0 m，饱和，密实，主要成分以石英、长石为主，分选性一般，较均匀，承载力特征值为330~340 kPa。

（21）粉质黏土

灰褐色，埋深90.0~91.7 m，岩芯呈短柱状或碎块状，硬塑，刀切面光泽感弱，承载力特征值为300~310 kPa，其他物理力学参数参见表4-6。

（22）细砂

灰褐色，埋深90.0~100.2 m，饱和，密实，主要成分以石英、长石为主，分选性一般，较均匀，承载力特征值为350~360 kPa。

4.2.3.4　低平碱滩地软土工程地质亚区（Ⅲ₄）

该亚区分布在工作区内的一级阶地和二级阶地，多为湖泊洼地，地势低平，呈负地形。该亚区土体结构为上部覆盖第四系全新统湖沼积黏性土层（Q_h^{2l}），该层以湖积淤泥质软土为主，厚度一般小于3 m；下部土体结构与Ⅲ₂、Ⅲ₃亚区一致。现只对上部湖积淤泥质软土进行简述：湖积淤泥质软土，灰褐色—灰黑色，具有触变性、流动性、高压缩性、低强度、低透水性和不均匀性等不良工程地质特性，工程地质条件较差。

4.2.3.5　冲湖积平原工程地质区三轴剪切试验分析

以往研究区都采用直剪试验来测定土的抗剪强度，试样施加垂向力后3~5分钟内剪破，试样得到抗剪强度称为快剪强度。本次采用的三轴剪切试验（UU）是在不排水条件下围压增加一个增量，后在不允许水进出的条件下逐渐施加轴向力使试样破坏。因而三轴剪切实验获得的土体内摩擦角（ϕ）与黏聚力（C）更能接近土体的真实值。本次研究在银川市冲湖积平原工程地质区内取100组三轴剪切实验进行黏聚力（C）和内摩擦角（ϕ）系统分析，以期获得更科学的C和ϕ数值，服务工程建设。这也是银川市区首次大量区域取样三轴剪切试验，分析结果是一系列全新的数据。现将全新统灵武组（Q_hl，地表以浅30 m）和上更新统萨拉乌苏组（Qp_3^3s，地表以下30~100 m）进行对比分析如下。

（1）第四系全新统灵武组土体对比分析

第四系全新统灵武组，分布在地表以浅30 m，根据岩性的不同分为粉土和粉质黏土进行对比分析。

①灵武组粉土对比分析

黏聚力（C）是根据7组试验数据对比，发现三轴剪切试验获得的黏聚力远大于直剪试验获得的数值，呈现出非常明显的统计差异。直剪试验黏聚力数值为7.2~14.6 kPa，平均值为11.4 kPa；而三轴剪切试验黏聚力数值为23~34 kPa，平均值为28.3 kPa，明显高于直剪试验，平均值是直剪试验平均值的2.48倍，详见图4-8。说明银川市区地表30 m以浅土体直剪试验获得的黏聚力明显小于三轴剪切试验获得的黏聚力，试验方法引起的试验结果差异十分大，需要引起关注和重视。

内摩擦角（φ）是根据7组试验数据对比，发现三轴剪切试验获得的内摩擦角都小于直剪试验获得的数值，具有统计差异。直剪试验内摩擦角数值为23.7°~25.4°，平均值为24.7°；而三轴剪切试验内摩擦角数值为19.8°~24.5°，平均值为21.9°，详见图4-9。说明银川市区地表30 m以浅土体直剪试验获得的内摩擦角大于三轴剪切试验获得的内摩擦角，试验方法引起的试验结果差异明显，也需要引起关注和重视。

②灵武组粉质黏土对比分析

黏聚力（C）是根据16组试验数据对比，发现三轴剪切试验获得的黏聚力远小于直剪试验获得的数值，呈现出非常明显的统计差异。直剪试验黏聚力数值为18.9~30.5 kPa，平均值为26.1 kPa；而三轴剪切试验黏聚力数值为9~18 kPa，平均值为14.3 kPa，详见图4-10。说明银川市区地表30 m以浅土体直剪试验获得的黏聚力明显大于三轴剪切试验获得的黏聚力，试验方法引起的试验结果差异十分大，需要引起关注和重视。

内摩擦角（φ）是根据16组试验数据对比，发现三轴剪切试验获得的内摩擦角都小于直剪试验获得的数值，具有统计差异。直剪试验内摩擦角数值为10.2°~21.8°，平均值为17.6°；而三轴剪切试验内摩擦角数值为4.3°~13.6°，平均值为8.7°，详见图4-11。说明银川市区地表30 m以浅土体直剪试验获得的内摩擦角远大于三轴剪切试验获得的内摩擦角，试验方法引起的试验结果差异十分明显，也需要引起关注和重视。

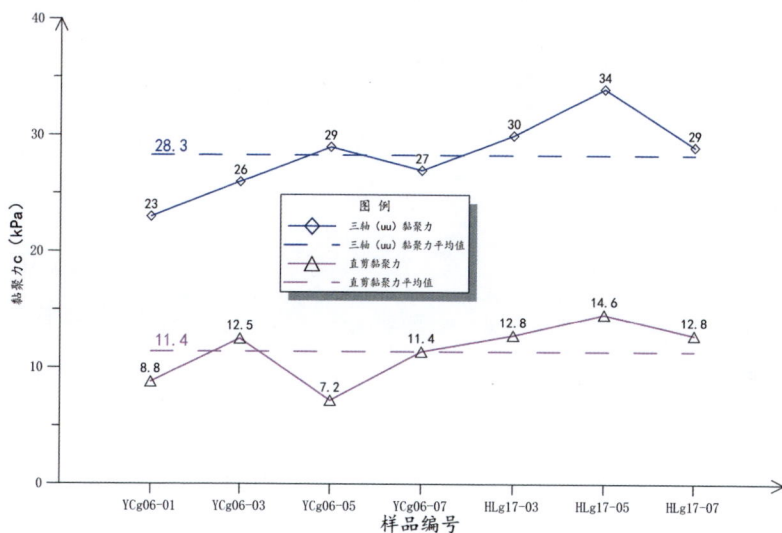

图4-8 灵武组粉土三轴剪切与直剪黏聚力对比曲线图

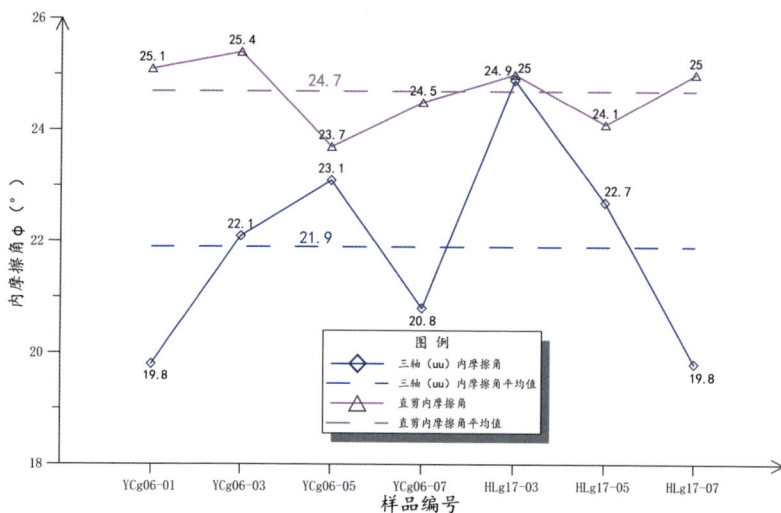

图4-9 灵武组粉土三轴剪切与直剪内摩擦角对比曲线图

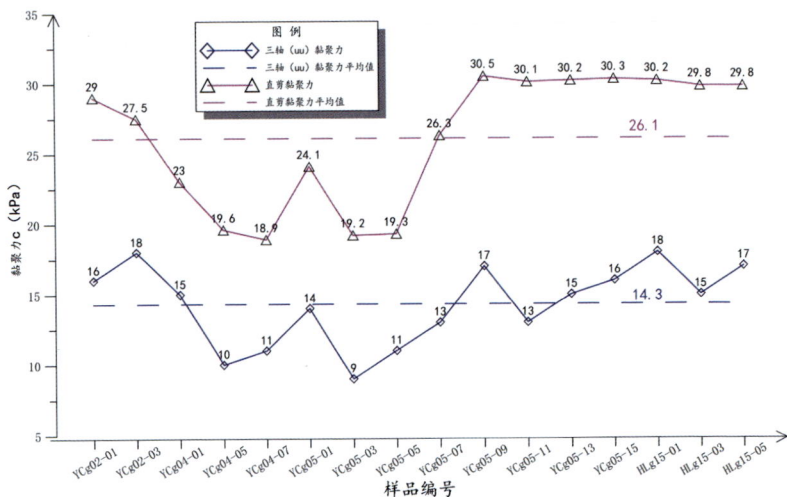

图4-10　灵武组粉质黏土三轴剪切与直剪黏聚力对比曲线图

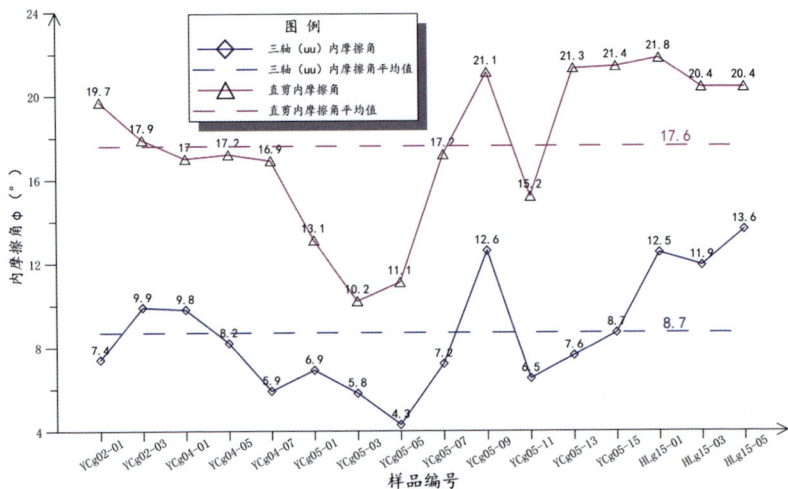

图4-11　灵武组粉质黏土三轴剪切与直剪内摩擦角对比曲线图

（2）第四系上更新统萨拉乌苏组土体对比分析

第四系上更新统萨拉乌苏组分布在地表以下30~100 m。本次研究取到的试验样品大部分都为粉质黏土，粉土样品很少，故只对粉质黏土进行研究分析。而且粉质黏土样品的直剪试验和三轴剪切试验数据基本无统计差异，现简述如下。

黏聚力（C）是根据19组试验数据对比，发现三轴剪切试验获得的黏聚力与直剪试验获得的数值无明显的统计差异。直剪试验黏聚力数值为20.1~35.5 kPa，平均值为28.2 kPa；三轴剪切试验黏聚力数值为14~37 kPa，平均值为26 kPa，详见图4-12。

内摩擦角（φ）是根据19组试验数据对比，发现三轴剪切试验获得的黏聚力与直剪试验获得的数值无明显的统计差异。直剪试验内摩擦角数值为16.2°~22.0°，平均值为18.2°；三轴剪切试验

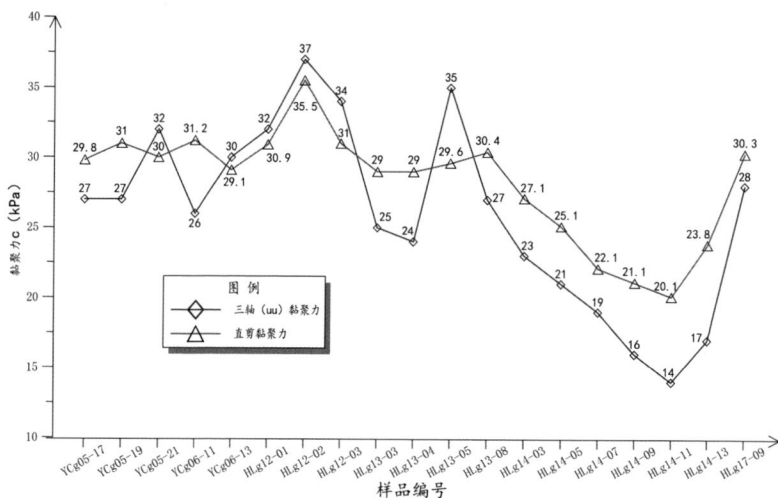

图4-12　萨拉乌苏组粉质黏土三轴剪切与直剪黏聚力对比曲线图

内摩擦角数值为12.4°~22.6°，平均值为19.4°，详见图4-13。

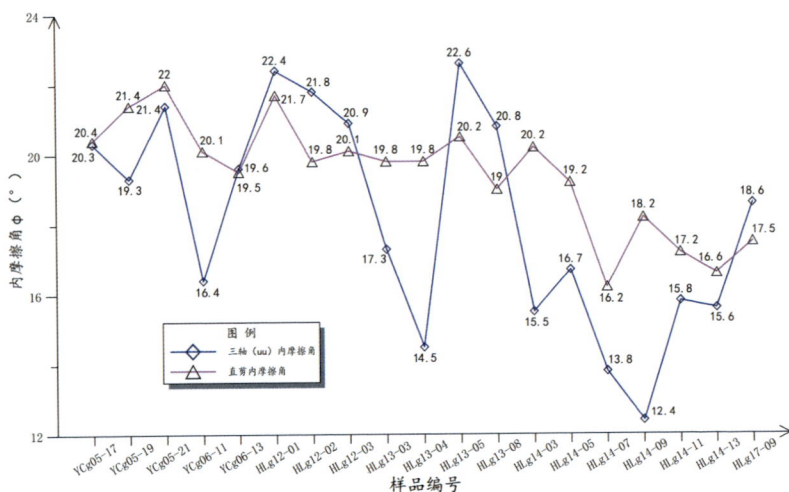

图4-13　萨拉乌苏组粉质黏土三轴剪切与直剪内摩擦角对比曲线图

4.2.4　风积沙地工程地质区（Ⅳ）

　　该工程地质区分布在工作区二级阶地黎明村、团结村和五渠村一带，主要为一些沙丘、沙地，地势波浪起伏。因活动性强，植被稀疏。该区土体结构为上部以风积细砂为主（Q_h^{3eol}），厚度一般小于20 m；下部土体结构与Ⅱ区一致。现只对上部的风积细砂进行简述：细砂，黄褐色，饱和，中密—密实，分选良好，矿物成分主要为石英、长石。该区为砂土不液化区。工程地质条件良好。

第5章 砂土液化工程地质问题分析研究

研究区内的砂土液化问题严重，是区内主要的工程地质问题。根据地方志等史料记载，研究区内发生地震时候，地涌黑沙（砂土液化的一种表现），造成房屋倒塌，成为地震的主要次生地质灾害，严重威胁着人们的生命财产安全。再加上该区构造活跃，地震频发，地震动峰值加速度高，地震烈度高达八度。故在研究区内开展砂土液化研究具有重要现实意义。

5.1 砂土液化产生与判别

5.1.1 砂土液化产生与危害

砂土液化现象指饱和土壤在地震作用或应力条件突然改变的情况下，失去了响应施加应力的强度和刚度，致使土壤呈液态的现象。液化现象多发生于饱和、松散且排水不畅的砂土，但在少数情况下可能发生于砾石和黏土。在施加振动荷载作用时，孔隙水压力急剧上升，有效正应力为零，此时颗粒悬浮在水中，土体完全丧失强度和承载能力，此时土体发生振动液化。地震、爆破和机械振动等都可能引发砂土液化，其中以地震造成砂土液化的危害最为严重，是城市地震危害的主要来源之一。

　　饱和砂土液化具有严重的危害，在地震等作用下会使液化层内建筑物的地基失稳，发生倒塌，产生严重财产损失和人员伤亡。研究区所在银川冲积平原由于其地下水埋藏相对较浅，上部有松散—中密的饱和粉砂、细砂，稍密—中密的饱和粉土，所在区域地震动峰值加速度达到0.20 g，特征周期值0.40 s，对应烈度是Ⅷ，具有液化的条件，而且在历史上的大地震中出现过砂土液化灾害，产生严重的人员伤亡和财产损失。根据相关资料记载，1739年平罗大地震时，银川一带曾发生喷水冒砂和城垣沉陷破坏现象，地震产生的次生砂土液化灾害造成大量房屋倒塌，是造成人员伤亡的重要原因。根据《宁夏地基土特性及技术对策研究》记载位于银川中心的粮油批发站（黄河大厦），在开挖地基时，揭露出了当时的喷砂遗迹，这是银川曾发生过液化的最好证明。

5.1.2　砂土液化判别

　　砂土液化的判别有多种方法，其中以测定砂土密实度为标准的液化评价是工程地质勘察实践中常用的有效方法。该方法是从众多工程经验判定液化的方法中总结出来的，得到了广泛的实践检验。该方法中如何测定砂土的密实度是关键，主要分为室内分析测定和野外现场试验测定。由于砂土取样质量难以保证，造成室内分析测定结果不可靠，所以现场原位测定砂土密实度成为首选方法。野外现场测定砂土密实度的主要方法为标准贯入试验，该方法科学简单，便于操作实践，而且又可以避免采样的扰动，在工程地质钻探中广泛应用（不仅局限于砂土液化的判别），也是本次研究所采用的砂土液化判别基础试验。本次采用《建筑抗震设计规范》（GB50011—2001）规定液化判别方法：从不液化的判定、标贯试验液化判别、液化指数计算、液化等级判定四个方面进行液化判定。

（1）不液化的判定

饱和的砂土或者粉土（不含黄土），当符合下列条件之一时，可以初步判别为不液化或者可以不考虑液化的影响。

第一，地质时代为第四纪晚更新世（Q_p^3）及其以前时，饱和类别是7度、8度时可以判别为不液化。

第二，粉土的黏粒（粒径小于0.005 mm的颗粒）含量百分率在7度、8度和9度分别不小于10、13和16时，可判别为不液化。

第三，浅埋天然地基的建筑，当上覆非液化土层厚度和地下水位深度符合下列条件之一时，可以不考虑液化影响。

$$d_u > d_0 + d_b - 2 \qquad (5-1)$$

$$d_w > d_0 + d_b - 3 \qquad (5-2)$$

$$d_u + d_w > 1.5d_0 + 2d_b - 4.5 \qquad (5-3)$$

式中：d_w——地下水位（m），宜按照设计基准期内年平均最高水位采用，也可按照近几年最高水位采用；

d_u——上覆盖非液化土层厚度（m），计算时宜将淤泥和淤泥质土层扣除；

d_b——基础埋深深度（m），不超过两米按两米计算；

d_0——液化土特征深度（m），见表5-1。

表5-1　液化土特征深度（m）

饱和类别	7度	8度	9度
粉土	6	7	8
砂土	7	8	9

（2）标贯试验液化判别

目前砂土液化的判别多采用现场标准贯入试验法，依据《建筑抗震设计规范》（GB50011—2001）相关规定：当建筑物地基在地表下20 m深度范围内，有饱和砂、粉土时，其实测标准贯入锤击数（未经杆长修正）$N_{63.5}$值小于按下式算出的N_{cr}值时，即认为可液化，否则为不液化。

$$N_{63.5} < N_{cr} \qquad\qquad (5-4)$$

$$N_c = N_0\beta\left[\ln(0.6d_s+1.5)-0.1d_w\right]\sqrt{3/\rho_c} \quad (5-5)$$

式中：$N_{63.5}$——饱和土标准贯入锤击数实测值（未经杆长修正）；

N_{cr}——液化判别标准贯入锤击数临界值；

N_0——液化判别标准贯入锤击数基准值，应按表5-2采用；

β——调整系数，设计地震第一组取0.8，第二组取0.95，第三组取1.05；

d_s——饱和土标准贯入点深度（m）；

d_w——地下水位深度（m），宜按建筑物使用期内年平均最高水位采用，也可按近几年最高水位采用；

ρ_c——黏粒含量百分率，当小于3或为砂土时，均采用3。

土的相对密度、颗粒级配、透水性、结构强度等土质特性条件是造成饱和砂土液化的因素。在地震发生时，在包括振幅、持续时间频率及周期特性等地震作用力方面，地震作用可局部激化或衰减地基土强度，场地土与建筑物结构共同构成对地震波动影响力给予反馈的作用体系，因此，饱和砂土层的富水性与排水条件等对于砂土液化的评价也有很大影响，在砂土液化评价时应对上述诸因素进行综合分析。以标准贯入测试作为判定砂土液化的主要方法。

（3）液化指数计算

对于存在液化砂土层、粉土层的地基，应探明各液化层的深度和厚度，按下式计算每个钻孔的液化指数，并按表5-2（表内数值用于设计基本地震加速度为0.15 g 和0.30 g 的地区）综合划分地基的液化等级。

表 5-2　N_0 标准贯入锤击数基准值

设计地震分组	抗震设防烈度		
	7 度	8 度	9 度
第一组	6（8）	10（13）	16
第二、第三组	8（10）	12（15）	18

$$I_{lE}=\sum_{i=1}^{n}\left[1-\frac{N_i}{N_{cri}}\right]d_iW_i \qquad (5-6)$$

式中：I_{lE}——液化指数；

　　n——在判别深度范围内每个钻孔标准贯入试验点的总数；

　　N_{cri}、N_i——分别为 i 点标准贯入锤击数的实测值和临界值，当实测值大于临界值时应取临界值；当只需要判别15米范围内的液化时，15米以下的实测值可按临界值采用；

　　d_i——点所代表的土层厚度（m），可以采用与标准贯入试验点相邻的上、下两标准贯入试验点深度差的一半，但上界不高于地下水位深度，下界不深于液化深度；

　　W_i——单位土层厚度的层位影响权函数值。当该层中点深度不大于5 m时应采用10，等于20 m时应采用零值，5~20 m时应按线性内插取值。

（4）液化等级判定

依据《建筑抗震设计规范》（GB50011—2001），对于液化等级与液化指数 I_{lE} 的对应关系见表5-3所示，液化指数大于0且小于等于6为轻微液化，大于6且小于等于18为中等液化，大于等于18为严重液化。

表5-3　液化分级表

液化等级	轻微液化	中等液化	严重液化
液化指数（I_{lE}）	$0<I_{lE}\leqslant 6$	$6<I_{lE}\leqslant 18$	$I_{lE}>18$

5.2　饱和砂土液化分布规律

本次研究根据180个控制性工程地质钻孔的标准贯入试验数据，结合工程地质分区，对区内砂土液化层的分布规律进行空间分布研究和数量统计、服务规划和防治。现从砂土液化总体分布、砂土液化层厚度分布、砂土液化顶板埋深分布和砂土液化底板埋深分布等四个方面进行分析。

5.2.1　饱和砂土液化总体分布

（1）液化统计规律

本次研究共采用180个控制点进行地震砂土液化分析，判别采用式5-4和5-5，液化指数 I_{lE} 计算采用式5-6，液化等级判定标准见表5-3。液化计算分析结果：不液化点84个，占比46.67%；液化点共计96个占比53.33%，其中严重液化点9个，中等液化点28个，轻微液化点59个。研究区内液化点的液化指数 I_{lE} 为0.57~42.69，平均值为7.29，主要集中在0.57~12.1（占比86.46%），以轻微液化为主，见图5-1。

研究区液化层顶板埋深0.4~11.2 m，平均埋深3.69 m，主要集中在1.8~5.0 m；底板埋深0.8~14.5 m，平均埋深6.90 m，主要集中在2.5~10.5 m；液化层厚度0.3~12.0 m，平均厚度3.21 m，主要集中在0.9~4.0 m，见图5-2。

（2）液化平面分区

本次研究根据控制孔砂土液化等级结合地貌分区，将研究区分为不液化区、轻微液化区、中等液化区和严重液化区，见图5-3。其中不液化区占总面积47.85%，轻微液化区占总面积31.37%，中等液化区占总面积16.10%，严重液化区占总面积4.96%，呈现出液化等级越高分布面积越小的规律，见表5-2。从图中可知研究区内西部扇前洪积洼地部分地区存在中等液化—轻微液化现象，在平原区内砂土液化呈现出由西向东加重的现象，和地貌单元息息相关。在平原区总体呈现出黄河二级阶地不液化到轻微液化，黄河一级阶地中等液化，黄河河漫滩严重液化。

①不液化区

研究区内的不液化区占据了银川市区的大部分面积，不液化区主要分布在研究区域中部的黄河二级阶地、山前洪积倾斜平原，以及兴庆区前进街道、孔雀村一带。山前洪积倾斜平原一带距离贺兰山山区较近，地下水埋深较深，地层岩性主要为碎石土，该地区的钻孔不具备砂土液化的基本条件，属于不液化地区。兴庆区前进街道、孔雀村一带由于水位埋深较深，水位埋深大于松散砂土、粉土的分布深度，该处钻孔为非液化钻孔。黄河二级阶地区的不液化地区位于城市区，覆盖西夏区、金凤区和部分兴庆区城区，该区域灌溉入渗少，大量工程降水致使该区地下水埋深较深。埋深大于松散砂土、粉土的分布深度，使得砂土液化消失。但需要关注的是这些地区一旦地下水水位上升，该处将可能存在砂土液化，需要专门的预测评价。不液化区域面积为896.336 km^2。

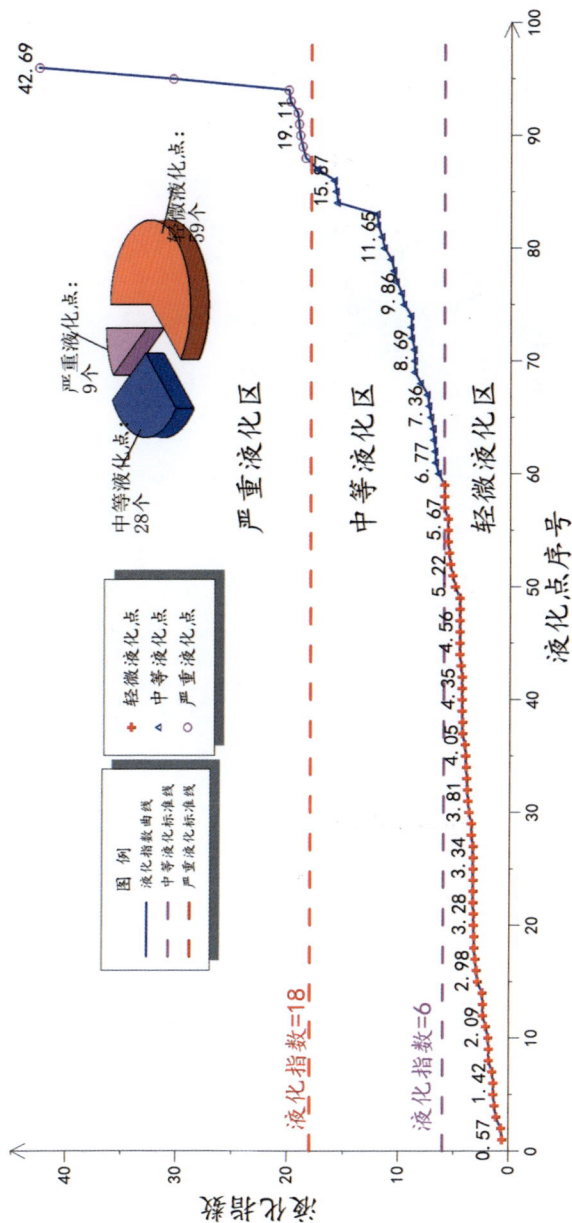

图5-1　研究区内液化点液化指数曲线图与饼图

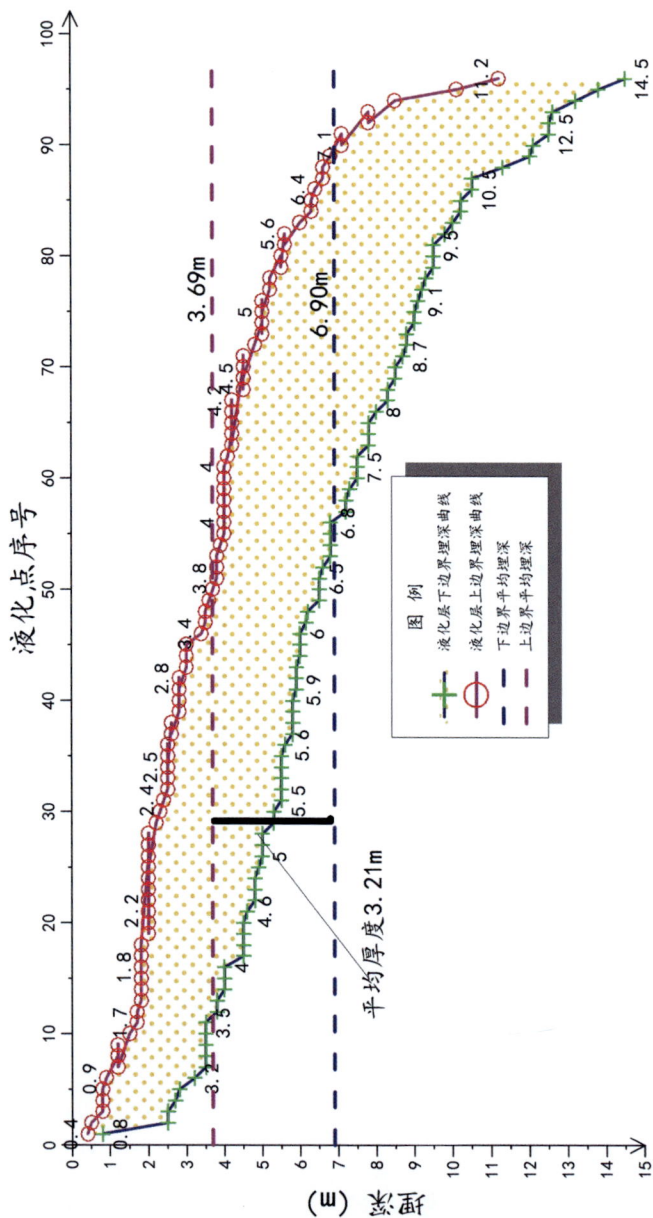

图5-2　研究区液化层埋深曲线图

②轻微液化区

研究区内的轻微液化区主要分布在研究区中东部的黄河二级阶地、西部扇前洪积洼地区域。西部扇前洪积洼地区域埋深20米以内粉土细砂较为松散，地下水埋深较浅，存在轻微液化——中等液化现象。东部黄河二级阶地以国道109以东为界，分布于黄河二级阶地的轻微液化区占据兴庆区和贺兰县的大部分城区。该区地下水浅埋，地表黏性土层下的砂土较松散，出现了砂土液化现象，该区域虽然液化等级较低，但液化的风险较高。轻微液化区面积581.95 km²。

③中等液化区

主要分布于研究区东部的黄河一级阶地一带，在西部扇前洪积洼地也有零星的分布，见图5-3。

黄河一级阶地上堆积的土体岩性以粉细砂为主，堆积时代短，堆积松散，标贯击数一般小于20。该区地势低平，沟渠纵横，湖泊密布，地下水排泄不畅，地下水埋深较浅，故砂土液化较为严重。

西部的扇前洪积洼地的砂土液化区主要分布于西绕城一带。该区位于扇前洪积洼地的中心地带，是西部黄旗口沟、甘沟洪水天然泄洪和滞洪区，所以该区堆积的土体结构松散，液化较为严重。

④严重液化区

严重液化区主要分布在研究区东部的河漫滩区，基本位于滨河大道东部。该区紧邻黄河，受黄河侵蚀和堆积相互作用强烈，堆积土体不断被水流改造，造成结构松散，再加上该区地势低洼，

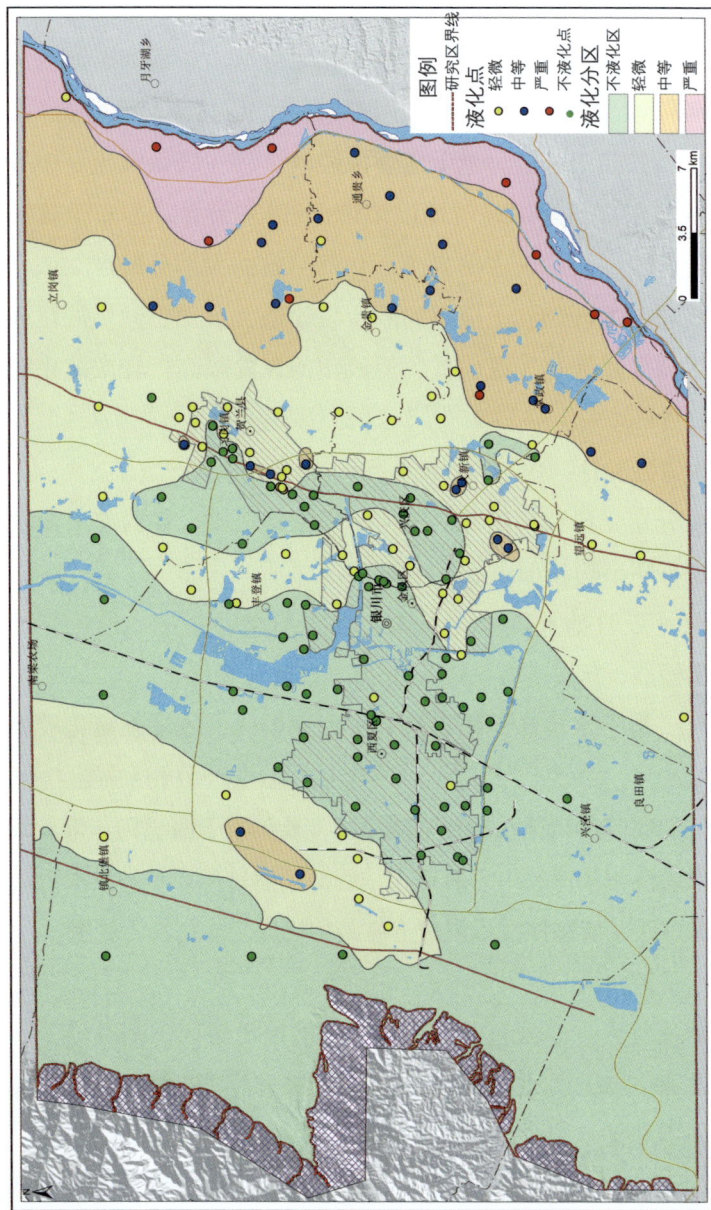

图5-3　研究区砂土液化现状分区图

紧邻黄河，地下水排泄不畅，水位埋深浅，造成该区砂土液化十分严重。

5.2.2 饱和砂土液化层厚度分布规律

（1）液化层厚度的统计规律

根据对研究区范围内96个液化工程地质钻孔数据分析，研究区内砂土液化层主要分布在地表以下1.0~10.0 m，厚度0.3~12.0 m，平均厚度3.21 m，埋深主要集中在0.9~4.0 m。而且，液化层的厚度与液化指数也呈现出一定的正相关性，即液化层厚度越大相应的液化指数越大，说明液化层厚度越大液化等级越高，见图5-4。

（2）液化层厚度的平面分布规律

液化层厚度分布在平面上也显示出了一定的规律性。液化层总体呈现出由西向东厚度变大的规律。西部的扇前洪积洼地砂土液化区液化层的厚度一般小于3 m，局部厚度3~4 m；中部的二级阶地砂土液化区液化层厚度一般小于3 m，小部分地区厚度3~5 m，零星钻孔液化层厚度大于5 m；东部的一级阶地液化区液化层由西向东厚度加大，西部的后缘地带液化层厚度小于3 m，中部过渡地带厚度3~5 m，东部的前缘地带厚度大于5 m；东部的黄河河漫滩一带液化区液化层厚度大于5 m，详见图5-5、图5-6。

5.2.3 饱和砂土液化层上边界分布规律

（1）液化层上边界埋深的统计规律

根据对研究区范围内96个液化工程地质钻孔数据分析，研究区内砂土液化层上边界埋深0.4~11.2 m，平均埋深3.69 m，埋深主要集中在1.8~5.0 m。而且，液化层顶板埋深与液化指数也呈现出一定的负相关性，即液化层顶板埋深越大相应的液化指数越小。

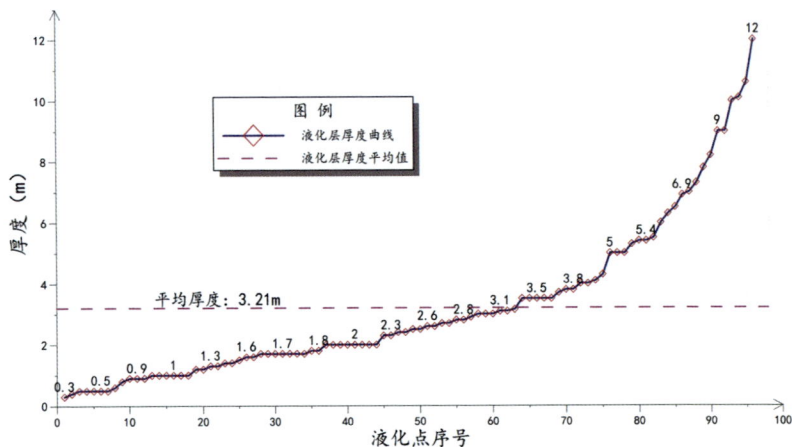

图5-4 研究区液化层厚度曲线图

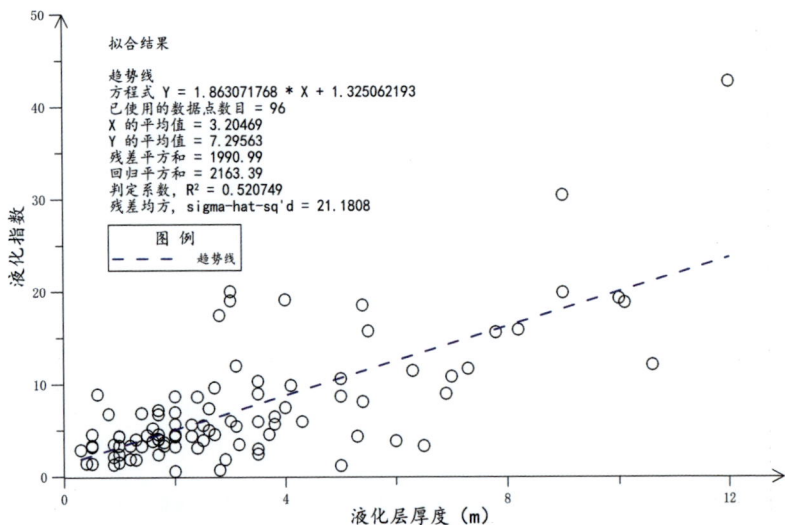

图5-5 液化层厚度与液化指数关系图

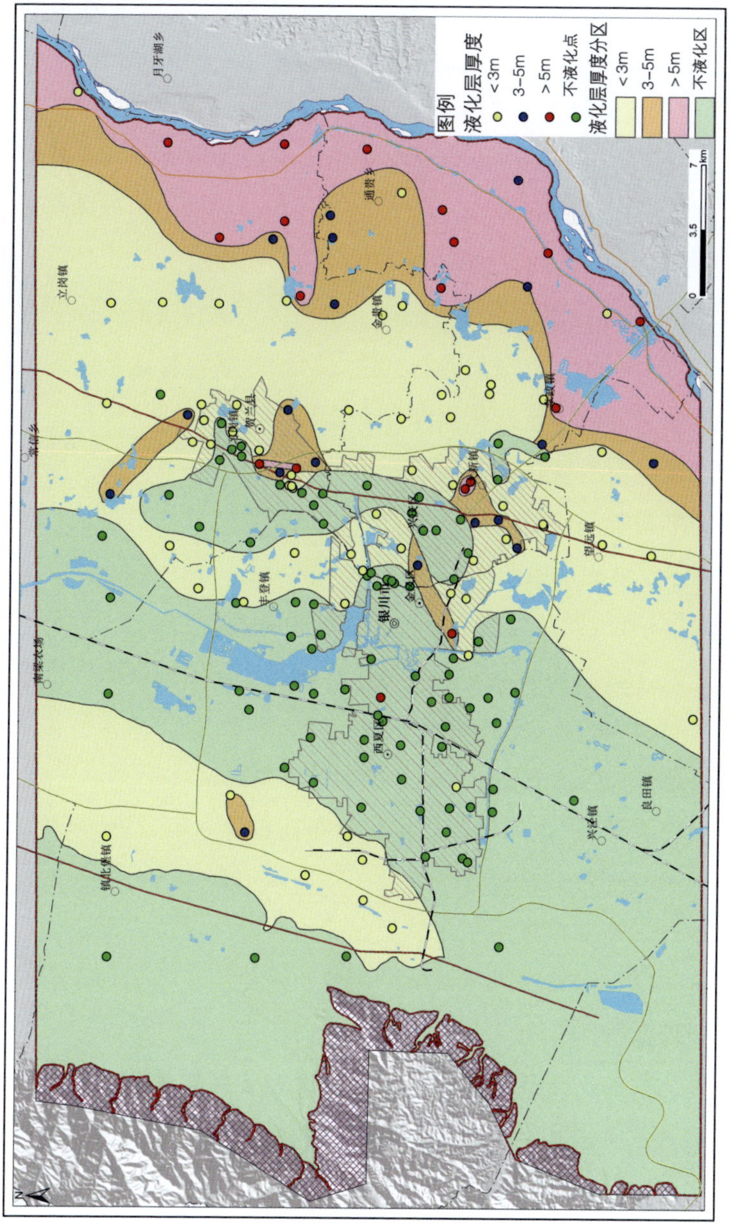

图5-6 研究区液化层厚度分布图

这是因为液化层顶板埋深越大，一般液化层厚度越小，相应的液化指数越小，见图5-7、图5-8。

（2）液化层上边界埋深平面分布规律

根据研究区内96个液化孔中液化层上边界埋深，结合地貌单元绘制出埋深平面分区图5-9。该图显示出研究区上边界埋深基本可以分为 <3 m、3~5 m、5<~7 m 和 >7 m 四个区域。

埋深 <3 m 在图中分两个区域，研究区东部自黄河西岸至立岗镇—通贵乡一线，呈扇形分布，这一区域的基本特点是地下水浅埋，致使该区的沙土液化层埋深十分浅，需要在民用工程建设中特别注意。研究区内镇北堡镇—新市区宁化街一带，砂土层埋深较浅，堆积时间较短，标贯击数较小，处于松散—稍密状，较容易发生砂土液化现象。

埋深3~5 m 的区域主要分布在研究区东部的团结村—大新镇—陆坊一线，贺兰县的部分区域都位于该区。该区域在研究区内呈扇形分布，该区表层的黏性土层一般厚3~5 m，其下就是液化砂土层，也是研究区内液化层上边界埋深的主要深度。

埋深大于5 m 区域主要呈块状分布在金星、丰登镇、望远镇、燕鸽—掌政一带，这一带正好是东郊水源地分布区。之前因东郊水源地开采造成该区潜水水位埋深变大，液化层的深度也随之加大。这一区域随着东郊水源地的关停，液化层上边界埋深会向上抬升，需要引起关注。

液化层的上边界一方面与地表的黏性土层厚度有关，另一方面与地下水（潜水）埋深关系密切。研究区内位于城区，人类对潜水影响十分大，故潜水埋深变化很大，使得液化层上边界埋深

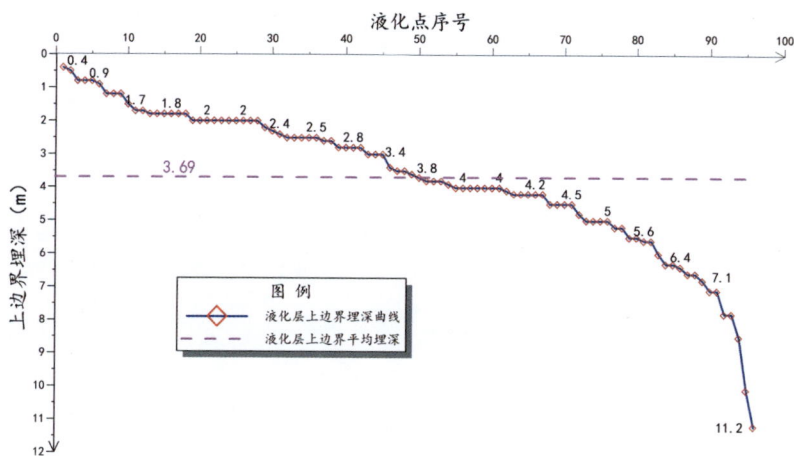

图5-7　研究区液化层上边界埋深曲线图

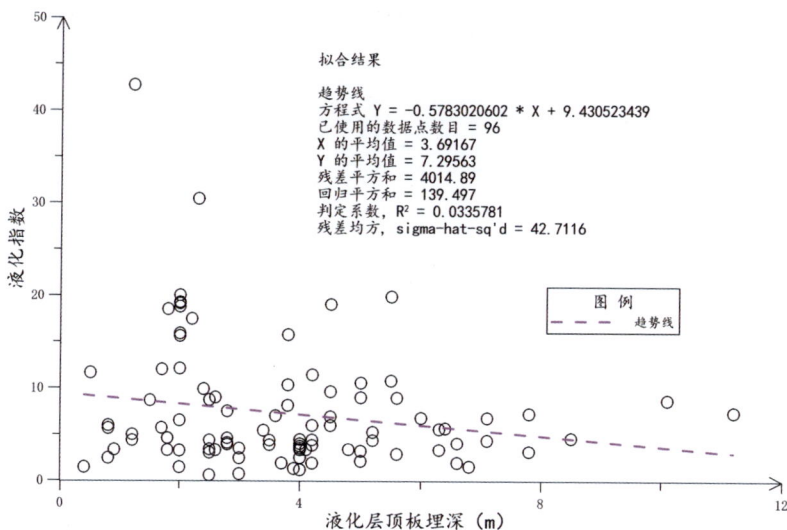

图5-8　液化上边界与液化指数关系

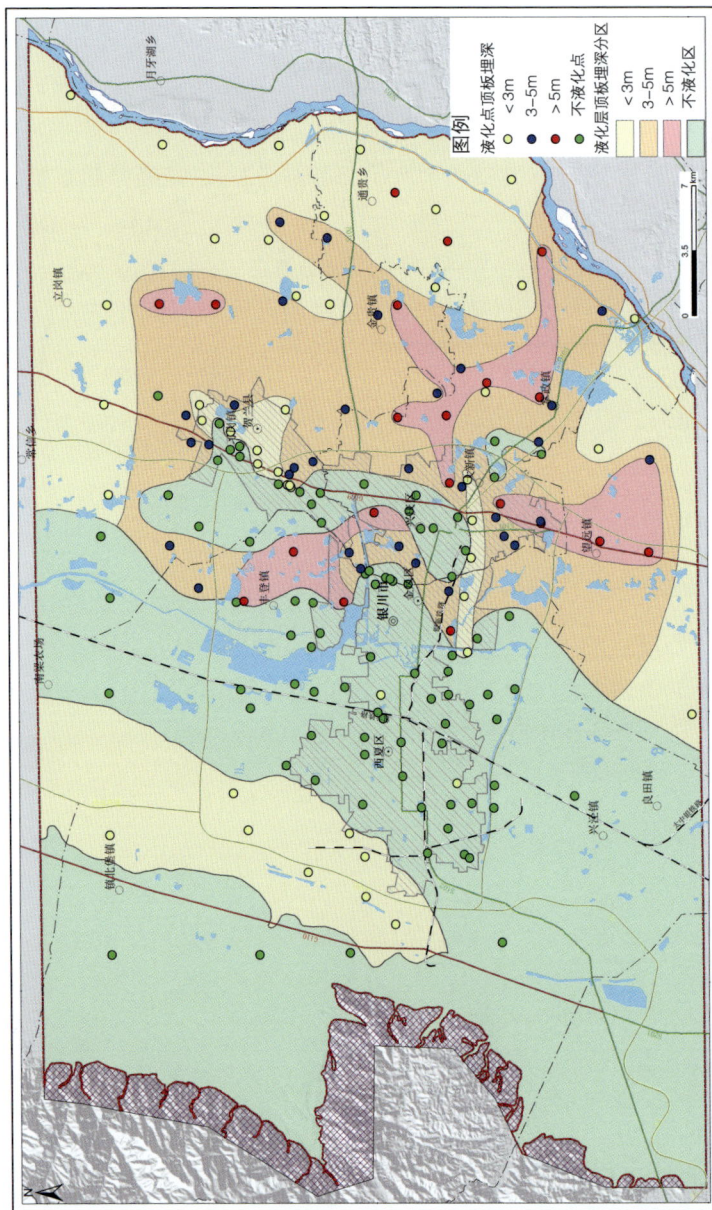

图5-9 研究区液化层上边界埋深分布图

分布规律不强，且十分易变，是砂土液化评价的一大难点。

5.2.4　饱和沙土液化层下边界分布规律

（1）液化层下边界埋深的统计规律

根据对研究区范围内96个液化工程地质钻孔数据分析，研究区内砂土液化层下边界埋深0.8~14.5 m，平均埋深6.90 m，埋深主要集中在2.5~10.5 m。而且，液化层底板埋深与液化指数也呈现出一定的正相关性，即液化层底板埋深越大相应的液化指数越大。这是因为液化层底板埋深越大，其相应的厚度越大，故液化等级越高，见图5-10。

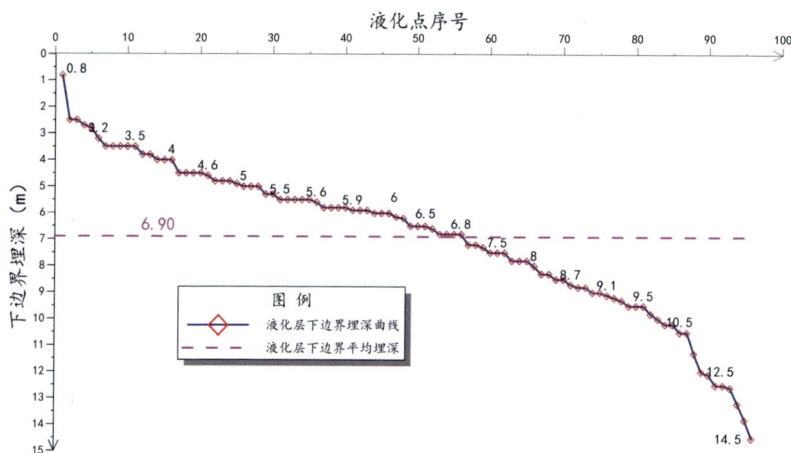

图5-10　研究区液化层下边界埋深曲线图

（2）液化层下边界埋深平面分布规律

根据研究区内96个液化孔中液化层下边界埋深，结合地貌单元绘制出液化层下边界埋深平面分区图5-11。该图显示出液化层下边界埋深基本可以分为 <5 m、5~7 m、7<~10 m 和 >10 m 四个区域。

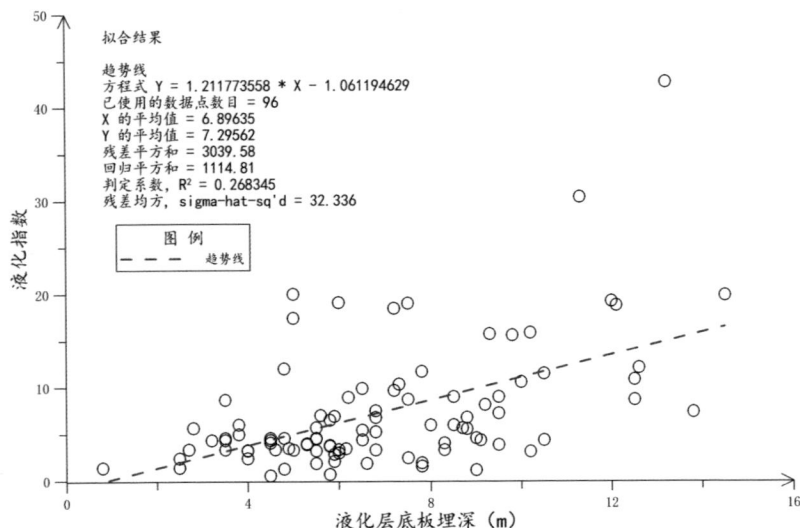

图5-11　液化层下边界与液化指数关系

　　埋深 <5 m 区域分布在沿国道109一线，立岗镇、习岗一带有一部分区域，研究区南部兴泾镇、良田镇、高桥有一部分区域，另一部分为丽景街向东至金贵镇一带区域，见图5-12。

　　埋深5~7 m 的区域在研究区内为常信乡—金贵镇一带区域，覆盖了贺兰县南部、望远镇和兴庆区城区的部分区域。

　　埋深7<~10 m 的区域在研究区内主要分布在研究区黄河二级阶地，即中等液化区域，占据了贺兰县、望远镇和兴庆区城区的部分城区。

　　在研究区范围内，液化层的下边界埋深5~10 m 是研究区内银川市区工程地质勘察砂土液化判断深度的主要范围，即地表以下

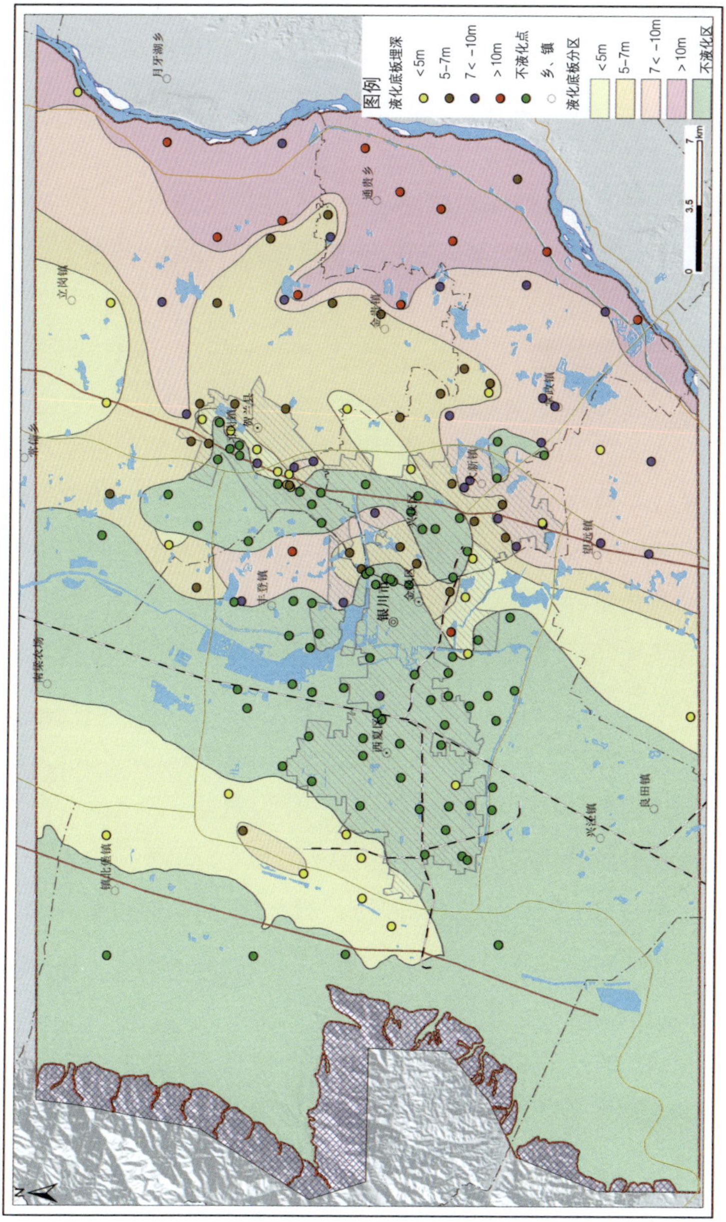

图5-12　研究区液化层下边界埋深分布图

10 m 范围内。

埋深 >10 m 区域主要分布在研究区的东部河漫滩一带以及丰登镇—前进街一带。在黄河岸边一带，液化层下边界最大埋深可达14.5 m。

液化层的下边界埋深规律性较强。在平原区呈现出由西向东埋深变大的规律，与地貌单元和砂土液化分界规律基本一致。

5.3　砂土液化防治

银川地区常用的地基抗液化处理主要采取提高砂土密度，将原土置换成不液化的土，采用夯扩碎石挤密桩、碎石振冲桩、强夯法等成功而有效的技术措施，借助各类桩与地基土共同作用改善土层的液化条件，提高天然地基强度，消除砂土液化。原先严重液化的场地经过加固后，地基已不液化或仅在个别深度达到临界液化状态。

研究地震作用下砂土液化的重要目的是预防砂土液化减少损害，减轻地震液化造成的损害措施可以分为两类：砂土改良措施是通过改良沙土的性质，加强土的抗液化能力，积极预防砂土液化的产生和发展；结构改良措施是对没有进行地基处理（或未达到预期效果）的液化地基，通过加强结构的抗液化能力，预防结构破坏。

饱和砂土液化现象是排水条件不利的情况下松散的砂土骨架由于震动造成松弛，颗粒间应力逐渐传递给孔隙水，使孔隙水压力不断升高而带来的后果，因此，要防止砂土液化，其根本途径是消除液化产生的条件，最重要的措施是提高砂土的密度，改变砂土的应力—应变条件和尽量消除发展的孔隙水压力（表5-4）。

表 5-4　液化砂土改良方法

原理与目的		
改良砂土性质	土颗粒改良或硬化	土层置换
	加密	搅拌处理
	降低饱和度	压实
改变砂土的应力—应变条件	提高有效应力	填土或降低地下水位
	消散孔隙水压力	排渗法及其他
	阻止孔压发展	地下墙
	抑制剪切变形	

目前，砂土液化地区的主要防治措施有：第一，尽量避免；第二，挖除可液化土层；第三，加密法，振冲加密；第四，尽量增加上覆压力；第五，板桩围封；第六，采用砂井排水降压；第七，采用整体性好，如箱形基础；第八，对于高层及重大建筑物，须采用桩基，须穿透可液化砂层，深入稳定密实土层。

防止砂土液化的工程措施包括控制渗流条件、疏干、挖除或人工加密改良土性。加密后的砂土应达到密实状态（相对密度为70%~90%），此外，如合理采用围封、压重、使用排水设备等方法，同样可以起到减轻液化破坏的效果。

通过以上分析，得出下面结论。

国内外由地震引起砂土液化造成灾难性破坏的大量实例使我

们感到砂土的液化现象会加重震害，因此研究能够影响砂土液化的因素是十分重要的。

本章通过对研究区内钻孔进行液化分析计算，绘制银川市区范围内的砂土液化分区图，并对银川市区内砂土液化现象进行平面和垂直两方面的分析研究。

对研究区范围内进行液化分析计算，绘制银川市区范围内的砂土液化分区图，确定不同级别液化范围，对于银川市区范围内工程建设、规划、地基处理与选择都具有一些重要的意义。

随着宁夏经济建设的高速发展及高层建筑物的不断增多，对场区地基稳定性的评价更显得越来越重要。场区地基的工程条件对客观震害起着直接和间接的影响，场区地基的失效会从根本上动摇任何工程设施的稳定性。通过对研究区的了解，分析拟建场区未来可能出现的震害及危险程度，选择有利建筑场区，避免地震时因砂土液化和地基失稳而加重震害，排除震灾造成的重大隐患，保护经济建设成果及人民生命财产安全，可以为银川地区城市抗震减灾工作服务。我们相信人类虽无法阻止地震的发生，但可以努力减轻和避免地震造成的灾害。

第6章 结论与建议

6.1 结论

第一，本次研究区范围为银川市城区所在的银川平原区，西靠贺兰山，东临黄河，东西长约60km，南北宽约40km，面积1855km²。该区是银川市城区所在的区域，也是未来银川发展的主要空间，还是黄河生态经济带和宁夏的核心区。该区属于干旱—半干旱大陆性气候区，地处于银川平原中部，有完善的灌排系统和悠久灌渠文化，土地肥沃，物产丰富。该区位于银川断陷盆地中部，构造复杂，其上堆积了一定厚度的第四系沉积物，以粉质黏土、粉土、细砂、粉砂为主，地下水浅埋，存在砂土液化问题。

第二，研究区位于银川平原中部，呈现出西高东低的地形地貌形态，这样的地形地貌形态反映出了研究区所处的构造格局，同时也控制了研究区内沉积环境，进而决定了研究区的岩土体分布规律。在前人研究的基础上，综合研究将区内地貌根据成因分为堆积侵蚀类型（Ⅰ）、堆积类型（Ⅱ）、风积类型（Ⅲ）、侵蚀构造（Ⅳ）四大类十二亚类。

第三，本次研究依据地貌单元岩土体地质成因及沉积类型将研究区分为山前洪积倾斜平原工程地质区（Ⅰ）、冲洪积平原工程地质区（Ⅱ）、冲湖积平原工程地质区（Ⅲ）和风积沙地工程地质区（Ⅳ）四个工程地质区。在工程地质分区的基础上根据地貌形态和岩土体成因将这四个工程地质区分为九个工程地质亚区。同时编制了工程地质分区图和工程地质剖面图，并建立了每个工程地质区地表以下100 m内的工程地质综合柱状图，对区内的工程地质条件进行分区分类的表达。

第四，研究区内的主要工程地质问题是饱和砂土液化问题。本次研究共采用180个控制点的标准贯入试验数据进行地震砂土液化分析，对液化层的液化指数、液化层厚度、液化层顶板、液化层底板进行了数理统计和平面分布规律研究，对区内的砂土液化进行了较为详细的分析研究和表达。

本次研究结合地貌分区，将研究区分为不液化区、轻微液化区、中等液化区和严重液化区。其中不液化区占总面积的47.85%，轻微液化区面积占总面积的31.37%，中等液化区面积占总面积的16.10%，严重液化区面积占总面积的4.96%，呈现出液化等级越高分布面积越小的规律。研究区内的液化情况：西部扇前洪积洼地部分地区存在中等液化—轻微液化现象；东部的冲湖积平原区内砂土液化呈现出由西向东加重的现象，和地貌单元息息相关，在平原区总体呈现出黄河二级阶地上砂土不液化到轻微液化，黄河一级阶地中等液化，黄河河漫滩严重液化的基本分布规律。

6.2 建议

第一，银川市的规划应充分考虑区域工程地质条件：西部的洪积平原区不利于地下空间开发；东部的砂土液化严重，地基需要处理；湖沼积的软土地区工程建设时需要清理软土。

第二，进一步重视研究区的砂土液化问题，在城市和乡村建设规划中给予充分考虑，以防地震中出现大范围的液化。同时工作区所在的银川市即将开始西线供水，水源地关停后可能会引起城区地下水位的上升，是否会造成区内砂土液化范围变大、等级变高，对已有地基的腐蚀性，对已有地下空间（车库、地下室等）的影响，都有待进行进一步研究。

第三，研究区所在的银川断陷盆地基地构造复杂，断裂发育，地震高发。而区域稳定性又是工程地质控制性因素，急需开展区域稳定性调查评价工作。

第四，政府相关部门应建立银川市工程地质钻孔数据库，组织技术力量将前人大量的工程建设项目岩土勘察钻孔入库，并将后续工程建设项目勘察钻孔必须入库。建成的工程地质钻孔数据将是智慧城市地下管理和规划的基础依据。

参考文献

[1] 张宝祥.黄水河流域地下水脆弱性评价与水源保护区划分研究.中国地质大学（北京），2006.

[2] 郭广献.城市岩土地基工程地质结构研究[J].企业技术开发（下半月），2011（9）.

[3] 王子生.宁阳城区岩土工程地质及钻孔灌注桩的设计与应用研究[J].中国海洋大学，2005（9）.

[4] 杨俊杰，柳飞，丰泽康男，等.砂土地基承载力离心模型试验中的粒径效应研究[J].岩土工程学报，2007（4）：1-21.

[5] 阎世骏，刘长礼.城市地面沉降研究现状与展望[J].地学前缘，1996，3（1-2）：93-98.

[6] 张岩，邢晨曦，王海强.地下水上升对岩土性质的影响和评价.河北勘察，2008（2）：10-11.

[7] 李广信.高等土力学[M].北京：清华大学出版社，2004.

[8] 滕延京.建筑地基基础设计规范理解与应用[M].北京：中国建筑工业出版社，2004.

[9] 中华人民共和国建设部.GB50007-2011建筑地基基础设计规范[S].北京：中国建筑工业出版社，2011.

[10] 郭庆国.粗粒土的工程特性及应用[M].郑州：黄河水利出版社，1999.

[11] 张克恭, 刘松玉. 土力学 [M]. 北京 : 中国建筑工业出版社, 2001.

[12] 钱家欢, 殷宗泽. 土工原理与计算 [M]. 北京 : 水利水电出版社, 1994.

[13] 殷宗泽. 土体沉降与固结 [M]. 北京 : 中国电力出版社, 1998.

[14] 索俊锋. 基于 MapGIS 6X 研究和 Arc GIS9.0平台的数据格式转换研究 [J]. 国土资源信息化, 2006 (4) : 29-32.

[15] 潘永地. 剖析 ARCGIS SHAPE 文件及写入代码 [J]. 贵州气象, 2006, 30 (6) : 36-39.

[16] 樊红, 詹小国. ARDC / INFO 应用与开发技术 [M]. 武汉 : 武汉大学出版社, 2002.

[17] 李辉. 基于 SLEUTH 模型的银川平原城市扩展研究 [D]. 甘肃 : 兰州大学, 2010.

[18] 刘翔未. 银川城市建设用地扩展变化研究 [J]. 山东农业大学学报, 2012, 43 (4) : 579-584.

[19] 米文宝. 银川市城市地貌对城市住区及城市发展的影响 [J]. 宁夏大学学报, 1999 (2) : 165-168.

[20] 彭锋. 基于 RS 与 GIS 的银川市土地利用 / 土地覆盖变化研究 [D]. 甘肃 : 兰州大学, 2010.

[21] 王提银, 郑元世, 张启敏. 银川市水资源需求与人口预测分析 [J]. 宁夏大学学报, 2008, 29 (3) : 278-279.

[22] 吕菲. 砂土液化机理及判别方法分析研究 [J]. 西部探矿工程, 2010 (8) : 125-127.

[23] Quigley M c, Hughes M w, Bradley B A, et al. The 2010—2011 Canterbury Earthquake Sequence : Environmental effects, seismic triggering thresholds and ge0109ic legacy[J]. Tectonophysics, 2016 (672-673) : 228-274.

[24] Wang Y J, Meng S Y, Li J, et al. Study on remote sensing extraction f cracks information[J]. Shen Hua Science and Technology, 2011, 9（5）: 31-33.

[25] Li Y, Wei Y H.The spatial-temporal hierarchy of regional inequality of China[J]. Applied Geography, 2010, 30（3）: 303-316.

[26] Wei Y D, Ye X. Beyond convergence：space, scale, and regional inequality in China[J]. rijdschriftvoor Economisehe en Sociale Geografie, 2009, 100（1）: 59-80.

[27] 严鹏. 饱和砂土液化机理及液化判别方法 [J]. 科技创新与应用, 2017（2）: 177.

[28] 孙德科, 曹虎麒, 姜雄, 等. 基于标贯击数砂土液化判别方法研究 [J]. 工程勘察, 2017（6）: 7-12.

[29] 杨建, 路学忠, 陈庆寿. 砂土液化影响因素及其判别方法 [J]. 西部探矿工程, 2004（2）: 1-2.

[30] 曹宇清, 武志飞, 李安生. 砂土液化研究概述 [J]. 山西建筑, 2009, 35（8）: 100-101.

[31] 高志刚.区域经济差异理论述评及研究新进展 [J].经济师,2002(2): 38-39.

[32] 厉以宁. 区域发展新思路 [M]. 北京：经济日报出版社, 2001.

[33] 段进军, 王常雄. 中国区域经济相关理论实践的评析与思考 [J]. 生产力研究, 2005, 8：32-34.

[34] 刘茂松. 反梯度推移发展论 [M]. 湖南：湖南人民出版社, 2000.

[35] 陆大道. 区域发展及空间结构 [M]. 北京：科学出版社, 1995.

[36] 李建若. 当代中国发展中的差距问题 [J]. 国民经济管理与计划, 1994, 2.

[37] 魏后凯. 论我国区际收入差异的变动格局 [J]. 经济研究,1992,(4)：
      61-65.

[38] 杨开忠. 中国区域经济差异变动研究 [J]. 经济研究，1994,（12）：
      28-34.

[39] 雷启云，等.1739年平罗8级地震发震构造 [J]. 地质地震,2015,（02）.

[40] 雷启云，柴炽章.基于钻探的芦花台隐伏断层晚第四纪活动特征 [J].
      地质地震，2011.